BIM 常用词汇集解

于五星 著

中国商业出版社

图书在版编目（CIP）数据

BIM 常用词汇集解 / 于五星著 . -- 北京：中国商业出版社，2018

ISBN 978-7-5208-0546-9

Ⅰ . ① B… Ⅱ . ①于… Ⅲ . ①建筑设计—计算机辅助设计—名词术语 Ⅳ . ① TU201.4-61

中国版本图书馆 CIP 数据核字（2018）第 183870 号

责任编辑：王彦

中 国 商 业 出 版 社 出 版 发 行
010-63033100　www.c-cbook.com
（100053　北京广安门内报国寺 1 号）
新 华 书 店 经 销
天津兴湘印务有限责任公司
* * * * *
880 毫米 ×1230 毫米　　1/32 开　　6.5 印张　　180 千字
2019 年 1 月第 1 版　　2019 年 1 月第 1 次印刷

定价：45.00 元
* * * * *
（如有印装质量问题可更换）

目 录

首字笔画索引

1 画 ··· (1)

    aecXML ·· (1)

    2D 施工图　2D shop drawing ······················· (1)

    3D 扫描 ··· (1)

    3D 打印 ··· (1)

    7D ·· (2)

    LOD 技术 ·· (2)

    CIC BIM protocol ··· (2)

    Clash rendition ··· (2)

    CDE ··· (3)

    COBie ·· (3)

    CATIA ··· (3)

    CostOS BIM ··· (3)

    CPU 卡 ·· (3)

    CNBIM ·· (4)

    CIM ··· (4)

    CBIMS ·· (4)

    e-specs ··· (5)

    CAD ·· (5)

    CALS/EC ·· (5)

    CIS/2 ·· (5)

    G101. CAC ··· (6)

    ArchiCAD ··· (6)

    Green Building Studio ····································· (6)

GSL ··· (6)

GIS ··· (7)

IDM ·· (7)

IFC ··· (7)

Information Manager ·· (7)

IES Suite ·· (7)

Innovaya Suite ·· (8)

IC 卡读写器 reader ··· (8)

IFC 标准 ··· (8)

ID ·· (8)

Level0、Level1、Level2、Level3 ························ (8)

ISO/DIS 12006—2 ·· (9)

IPMA ··· (9)

IFCXML ·· (9)

LOD ·· (9)

Lol ··· (10)

LCA ··· (10)

IPD 模式 ··· (10)

Open BIM ··· (10)

one point 设计协同平台 ····································· (11)

Onuma ··· (11)

Uniclass ·· (11)

Visual Sinulation ·· (11)

SAP 2000 ·· (11)

SAGE Suit ··· (12)

SDS/2 ··· (12)

Sketch UP Pro ··· (12)

Sketch UP ··· (12)

Synchro 4D ··· (12)

SKP ··· (13)

WIP	(13)
T=0 协议	(13)
T=1 协议	(13)
Tekla Structure（Xsteel）	(13)
VDC 模式	(13)
Visual Estimating	(14)
Virtual Construction	(14)
VR 技术	(14)
一体化	(14)

2 画

	(16)
BEP	(16)
Bentley Architecture	(16)
Bentley Suite	(16)
Bluethink	(16)
Bentley MicroStation	(17)
Bentley ProjectWise	(17)
BIM 核心建模软件	(18)
BIM	(18)
BIM 5D	(20)
BIM 可持续（绿色）分析软件	(20)
BIM 机电分析软件	(20)
BIM 结构分析软件	(21)
BIM 深化设计软件	(21)
BIM 模型综合碰撞检查软件	(21)
BIM 造价管理软件	(22)
BIM 运营管理软件	(22)
BIM 发布审核软件	(22)
BIM 基础软件	(22)
BIM 工具软件	(23)
BIM 工具（tool）	(23)

BIM 平台（platform） ……………………………………（23）
BIM 环境（environment） ………………………………（24）
BIM 平台软件 ……………………………………………（24）
BIM 构件 …………………………………………………（24）
BIM 之父 …………………………………………………（25）
BIM 项目实施计划指南 …………………………………（25）
BIM 考试 …………………………………………………（25）
BIM 模型 BIM model ……………………………………（26）
BIM 设计协同平台 BIM design collaboration platform ………（26）
BIM 模型深度 level of detail of BIM models ……………（26）
BIM 工程师 ………………………………………………（26）
BIM 操作员 ………………………………………………（26）
BIM 技术主管 ……………………………………………（26）
BIM 技术 …………………………………………………（26）
BIM 项目经理 ……………………………………………（28）
BIM 经理（协调人） ……………………………………（28）
BIM 构件（组件）库 ……………………………………（28）
BIM 战略总监 ……………………………………………（28）
BIM 模型生产工程师 ……………………………………（29）
BIM 专业分析工程师 ……………………………………（29）
BIM 信息应用工程师 ……………………………………（30）
BIM 系统管理工程师 ……………………………………（30）
BIM 数据维护工程师 ……………………………………（30）
BIM 模型工程师 …………………………………………（30）
BIM 执行计划 ……………………………………………（31）
BIM 构建（组件）库 ……………………………………（31）
BIM 八个特点 ……………………………………………（31）
BIM 来源 …………………………………………………（34）
BIM 网（BIMW.CN） …………………………………（35）
BIM 改变建筑业 …………………………………………（35）

BIM 建模	(35)
BIM 应用	(35)
BIM 交付物	(35)
BIM 概念设计软件	(35)
BIM 线性计划	(36)
BIM 技术扩散	(36)
BIM 智慧管廊	(36)
BIM 放样机器人	(36)
gbXML	(37)
Data Exchange Specification	(37)
DDS	(37)
Digital Project	(37)
Dprofiler	(38)
Digital Project	(38)
DEM	(38)
几何信息 geometric information	(38)
DW	(39)
DWG 标准	(39)
PAS 1192	(39)
P-BIM	(39)
PMI	(39)
Project Wise Navigator	(40)
Project Wise	(40)
WIP	(40)
Navisworks Manage	(40)
二维绘图软件	(41)
二维视图法	(41)
二维码	(41)
人防工程信息模型 civil air defence works BIM	(41)
人工环境	(41)

ret 格式 ……………………………………………… (42)

rft 格式 ……………………………………………… (42)

rvt 格式 ……………………………………………… (42)

rfa 格式 ……………………………………………… (42)

XML ………………………………………………… (42)

Tekla ………………………………………………… (43)

3 画 ……………………………………………… (43)

Affinity ……………………………………………… (43)

Allplan Architecure ………………………………… (43)

Allplan Engineering ………………………………… (43)

Allplan Cost Management …………………………… (44)

Allplan Facility Management ……………………… (44)

ArchiCAD …………………………………………… (44)

ArchiFM ……………………………………………… (44)

ArchiCAD 施工图技术 ……………………………… (44)

AutoCAD ……………………………………………… (44)

AutoCAD2009 中文版从入门到精通 ……………… (45)

Autodesk Revit Architecture ……………………… (45)

Autodesk Revit MEP ………………………………… (45)

Affinity ……………………………………………… (46)

EagkePoint suite …………………………………… (46)

Ecotect ……………………………………………… (46)

EnergyPlus ………………………………………… (46)

ETABS ……………………………………………… (46)

EaBIM ……………………………………………… (46)

Envisioneer 官网 …………………………………… (46)

EPC 工程总承包 …………………………………… (47)

Navisworks ………………………………………… (47)

Newforma Project Cneter ………………………… (47)

Fastrak ……………………………………………… (47)

· 6 ·

Field BIM（Suite）	(47)
Federated mode	(47)
Rstar CAD	(47)
Revit Architecture	(48)
Revit MEP	(48)
Revit Structure	(48)
Revit 系列软件	(48)
Revit	(48)
RFID 技术	(49)
RISA	(49)
Revit 2013 电气设计宝典	(50)
RMSE	(50)
Recit 系列	(51)
Revit Structure	(51)
Revit MEP	(51)
RVT	(52)
三维激光扫描 3Dlaser scanning survey	(52)
三维建（构）筑模型 3D building model	(52)
三维激光扫描仪	(52)
三维打印机	(52)
三控三管一协调	(53)
三维视图法	(53)
广联达模型检查产品 GMC	(53)
广联达算量系列产品	(53)
广联达 BIM5D	(53)
工作集	(54)
工程建设项目阶段 building construction project phase	(54)
工程建设信息化	(54)
工程建设地理信息系统 geographic information system for engineering construction	(55)

工程造价咨询 construction cost consultation ……… (55)
工程造价咨询成果文件 project cost consultancy document
deliverables ……… (55)
工程量自动计算 ……… (55)
门牌 door number plate ……… (55)
口令 password ……… (55)
工作成果 work result ……… (56)
工具 tool ……… (56)
大样设计 ……… (56)
大数据 ……… (56)
子模型 ……… (57)
风环境模拟 ……… (57)

4 画 ……… (57)

MEP Modeller ……… (57)
MagiCAD ……… (58)
中央资源库 central repository ……… (58)
中国 BIM 丛书：设计企业 BIM 实施标准指南 ……… (58)
中大网校 ……… (58)
中国 BIM 网（ChinaBIM）……… (58)
中国 BIM 论坛 ……… (59)
中坚层 ……… (59)
中间翻译互用 ……… (59)
中心文件 ……… (59)
比木立方 BIM ……… (59)
分类编码 ……… (60)
分类代码 classification code ……… (60)
分发服务 distribution service ……… (60)
分割表面 ……… (60)
专属信息 ……… (60)
专业交付信息集合 ……… (60)

专业领域 disciplines ………………………………… (60)
专业地下管线 professional underground pipeline ……… (61)
专业模型元素 ……………………………………… (61)
公共信息环境 ……………………………………… (61)
元数据 metadata …………………………………… (61)
元数据元元素 ……………………………………… (61)
元数据实体 ………………………………………… (61)
元素 element ……………………………………… (61)
无线城市 …………………………………………… (62)
历史数据库 historical database …………………… (62)
比木立方 BIM ……………………………………… (62)
比目鱼网照 ………………………………………… (62)
手持设备 …………………………………………… (62)
计算机辅助设计 computer-aided design（CAD） ……… (62)
云计算 ……………………………………………… (63)
瓦片地图服务 tile map service …………………… (63)
双向直接互用 ……………………………………… (63)
方案比选 …………………………………………… (64)
内建族 ……………………………………………… (64)
公共数据网 ………………………………………… (64)

5 画 ……………………………………………… (65)

东经天元族库管理系统 …………………………… (65)
可施工性 …………………………………………… (65)
可出图性 …………………………………………… (65)
可视化 ……………………………………………… (65)
可视化交底管理 …………………………………… (66)
功能分类 usage …………………………………… (66)
功能类别代码 usage code ………………………… (66)
电子钱包 …………………………………………… (66)
电子存折 …………………………………………… (66)

· 9 ·

电子政务 …………………………………………… (67)
电子商务 …………………………………………… (67)
电子印章 …………………………………………… (67)
百佳 BIM 联盟 ……………………………………… (67)
归档 archive ………………………………………… (67)
对象类别 …………………………………………… (68)
对象类 object class ………………………………… (68)
业主单位 …………………………………………… (68)
五方责任主体 ……………………………………… (68)
节能减排管理协调 ………………………………… (68)
本体论视角 ………………………………………… (69)
业务组 ……………………………………………… (69)
民用建筑信息模型设计标准 ……………………… (69)
对比分析法 ………………………………………… (69)

6 画 …………………………………………………… (70)

任务信息模型 task information model …………… (70)
成果交付 deliverables ……………………………… (70)
交付物 deliverables ………………………………… (70)
交付人 ……………………………………………… (70)
交付过程 …………………………………………… (70)
交付流程 …………………………………………… (71)
交互操作性 ………………………………………… (71)
交互性 ……………………………………………… (71)
交互层 ……………………………………………… (71)
构想性 ……………………………………………… (71)
交换需求 …………………………………………… (72)
存储单元 storage unit ……………………………… (72)
地名 geographical name …………………………… (72)
地址 address ………………………………………… (72)
地理格网 geographic grid ………………………… (72)

目 录

地理信息系统 …………………………………… (72)
地下管线 ………………………………………… (72)
地下管线数据 underground pipeline data ……… (73)
地下管线数据库 underground pipeline database ……… (73)
地下管线元数据 integraround underground pipeline information system ……………………………………… (73)
地下管线数据目录 underground pipeline data catalog …… (73)
充值安全认证模块 inputsecu, accessm odule ………… (73)
充值 charge …………………………………… (73)
充值终端 cha, terminal ……………………… (73)
消费 pull ……………………………………… (73)
安全存取模块 secure access module ………… (74)
安全加密设备 ………………………………… (74)
访问控制字 access bit ……………………… (74)
攻击 attack …………………………………… (74)
设计企业 BIM 标准实施指南 ……………… (74)
设计可视化 …………………………………… (75)
设备可操作性可视化 ………………………… (75)
设备的运行监控 ……………………………… (75)
设计调整 ……………………………………… (75)
设施协调管理 ………………………………… (76)
全生命周期 Life-Cycle ……………………… (76)
全球导航卫星系统 global position satellite system （GNSS）
………………………………………………… (76)
全国 BIM 技能等级考试通关宝典 ………… (76)
协同 …………………………………………… (77)
行为 action …………………………………… (77)
自适应构件 …………………………………… (77)
主体 …………………………………………… (77)
动态地图服务 dynamic map service ………… (78)

· 11 ·

多专业协同 …………………………………… (78)
多业务集成应用 ……………………………… (78)
多感知性 ……………………………………… (78)
执行层 ………………………………………… (78)
机电管线碰撞检查可视化 …………………… (79)
成本预算、工程量估算协调 ………………… (79)
优化性 ………………………………………… (79)
阶段特定信息 ………………………………… (80)
冲突检查 ……………………………………… (80)
共享核心元素 ………………………………… (80)
共享模型元素 ………………………………… (81)
共享组件元素 ………………………………… (81)
共享建筑元素 ………………………………… (81)
共享管理元素 ………………………………… (81)
共享设施元素 ………………………………… (82)
传感器技术 …………………………………… (82)
协同平台 ……………………………………… (82)

7 画

拟合优化 fitting ……………………………… (82)
报文 message ………………………………… (82)
报文鉴别代码 message authentication code …… (82)
初始化 initialization ………………………… (83)
应用文件 aPplicatlon flle …………………… (83)
应急管理协调 ………………………………… (83)
块 block ……………………………………… (83)
材料 material ………………………………… (83)
体量族 ………………………………………… (83)
形状 …………………………………………… (84)
住房保障信息化 ……………………………… (84)
利益相关方 …………………………………… (84)

运维单位 …………………………………………… (84)
运维协调 …………………………………………… (84)
状态 ………………………………………………… (84)
间接互用 …………………………………………… (85)
应用决策指南 20 讲 ………………………………… (85)
系统族 ……………………………………………… (85)
美国国家 BIM 标准 ………………………………… (85)
私有云 ……………………………………………… (86)
住宅产业化 ………………………………………… (86)
进度管理 …………………………………………… (86)

8 画 …………………………………………………… (87)

建筑信息子模型 sub building information model（sub BIM）
………………………………………………… (87)
建筑信息模型软件 BIM software ………………… (87)
建模软件 modeling software ……………………… (87)
建筑信息模型 building information model（BIM） ……… (87)
建筑信息化模型 …………………………………… (88)
建筑信息模型工程师 ……………………………… (88)
建筑信息模型深度（Level ofdetal BIM depth）……… (88)
建筑信息模型元素 building information model element
（BIM 元素）……………………………………… (88)
建筑信息模型构件 building information model construct
（BIM 构件）……………………………………… (89)
建筑信息模型软件 BIM software ………………… (89)
建筑信息模型视图 building information model view
（BIM 视图）……………………………………… (89)
建筑信息模型图纸 building information model sheet
（BIM 图纸）……………………………………… (89)
建筑信息模型子模型 building information model sub-model
（BIM 子模型）…………………………………… (89)

建筑信息模型拆分模型 building information model divided-model（BIM 拆分模型）……（90）
建筑信息模型几何数据 building information model geometric data（BIM 几何数据）……（90）
建筑信息模型几何信息 building information model geometric information（BIM 几何信息）……（90）
建筑信息模型非几何数据 building information model non-geometric data（BIM 非几何数据）……（90）
建筑信息模型数据中心 building information model-datacenter（BIM 数据中心）……（90）
建筑信息模型资源 building information model-source（模型资源）……（90）
建筑幕墙工程信息模型 BIM of curtain wall ……（90）
建筑信息模型资源 building information model-source（模型资源）……（91）
建筑产品 building products ……（91）
建筑信息模型施工应用标准 ……（91）
建筑信息模型应用标准 ……（91）
建设企业信息化 ……（92）
建设单位 BIM ……（92）
建设阶段 ……（92）
建模精度 ……（92）
建模几何精细度 ……（92）
建筑物 building ……（93）
建筑物性能分析仿真 ……（93）
建筑编码 building code ……（93）
建筑信息模型 BIM 概论 ……（93）
建筑信息模型（BIM）工程专业技能证书 ……（94）
建筑领域信息技术应用 ……（94）
建筑全生命周期 ……（95）

目 录

建筑全生命期管理 building lifecycle management （BLM） ………………………………………………………（95）
建筑全生命周期管理 ………………………………（95）
建设项目全生命期一体化管理模式 ………………（95）
建筑空间管理 ………………………………………（96）
建筑机电工程 BIM 构件库技术标准 ……………（96）
建筑幕墙工程 BIM 实施标准 ……………………（96）
建筑装饰装修工程 BIM 实施标准 ………………（96）
非几何信息 non-geometrical information ………（97）
非接触式 ic+contactless IC card …………………（97）
空间基础网格 basic geo-spatial grid ……………（97）
空间协调管理 ………………………………………（97）
空间优化 ……………………………………………（97）
组件 …………………………………………………（97）
组织角色 organizational roles ……………………（98）
构件 …………………………………………………（98）
构件模型细度 ………………………………………（98）
构件资源库 BIM component library ……………（98）
承包商 BIM …………………………………………（98）
现势数据库 current database ……………………（98）
命令 com mand ……………………………………（99）
终端 terminal ………………………………………（99）
表具类终端朗 ugetypete rminal …………………（99）
服务类终端 serv icetypeterminal …………………（99）
物理安全性 physicalsecurity ……………………（99）
物联网 ………………………………………………（99）
使用需求 ……………………………………………（100）
参数化 ………………………………………………（100）
轮廓 …………………………………………………（101）
房地产信息化 ………………………………………（101）

· 15 ·

表示 representaion ……………………………………（101）

视图专有图元 ………………………………………（101）

注释图元 ……………………………………………（102）

详图 …………………………………………………（102）

实例 …………………………………………………（102）

单元网络 basic management grid …………………（102）

单元分段法 …………………………………………（102）

单元分节法 …………………………………………（102）

单业务应用 …………………………………………（103）

单向直接互用 ………………………………………（103）

事件 event …………………………………………（103）

国家数字模拟指南 …………………………………（104）

线性渐变截面单元法 ………………………………（104）

供货单位 ……………………………………………（104）

法律强制信息 ………………………………………（104）

经济学界视角 ………………………………………（104）

资源数据 ……………………………………………（105）

嵌入式系统技术 ……………………………………（105）

事前纠偏 ……………………………………………（105）

事中纠偏 ……………………………………………（106）

9 画 ………………………………………………（106）

树形结构 tree struvture ……………………………（106）

城市基础地理信息系统 urban basic geographic information system ……………………………………………（106）

城市空间基础数据 urban basic spatial data ………（106）

城市基础地理数据 urban basic geographic data ……（107）

城市基础地质数据 urban basic geological data ……（107）

城市三维模型 3D urban model ……………………（107）

城市地理空间数据　urban geospatial data …………（107）

城市地理空间框架数据 urban geospatial framework data ………………………………………………………（107）
城市三维模型 three dimensional city model …………（108）
城市信息化 ………………………………………………（108）
城市规划信息化 …………………………………………（108）
城市建设信息化 …………………………………………（108）
城市管理信息化 …………………………………………（108）
城市服务信息化 …………………………………………（108）
城市信息系统 ……………………………………………（109）
城市信息平台 ……………………………………………（109）
城市信息基础设施 ………………………………………（109）
城市市政综合管理信息系统 urban municipal supervision and management information system …………………（109）
城市建成区 urban built-up area ………………………（109）
城域网 ……………………………………………………（109）
城市地理信息系统 ………………………………………（110）
标准地名 standardized geographical name …………（110）
标高 ………………………………………………………（110）
标准构件族 ………………………………………………（110）
响应 response …………………………………………（110）
信息粒度 …………………………………………………（110）
信息 information ………………………………………（111）
信息技术 …………………………………………………（111）
信息化 ……………………………………………………（111）
信息资源开发利用 ………………………………………（111）
信息共享 …………………………………………………（111）
信息技术应用标准体系 standard architecture for in formation technology applications ………………………（112）
信息模型 …………………………………………………（112）
信息科学视角 ……………………………………………（112）

· 17 ·

信息语义标准 …………………………………………（112）
信息传递标准 …………………………………………（112）
信息集成 ………………………………………………（112）
信息化组 ………………………………………………（113）
信息交换模板 …………………………………………（113）
项目 ……………………………………………………（113）
项目管理 ………………………………………………（114）
项目交付 ………………………………………………（114）
项目试运行 ……………………………………………（114）
类型和实例 ……………………………………………（115）
类别 ……………………………………………………（115）
类型 ……………………………………………………（115）
施工建筑信息模型 BIM inconstruction ……………（116）
施工单位 ………………………………………………（116）
施工组织可视化 ………………………………………（116）
施工方案模拟优化 ……………………………………（116）
施工进度模拟 …………………………………………（116）
指挥中心 responsibility department ………………（117）
政府部门 ………………………………………………（117）
复杂构造节点可视化 …………………………………（117）
保持 ……………………………………………………（117）
临时信息 ………………………………………………（117）
总体规划 ………………………………………………（118）

10 画

通用非几何信息 ………………………………………（118）
消防 BIM（FIRE BIM）………………………………（118）
核心元数据　core metadata …………………………（118）
消费安全认证模块 purchasesecureaccessmodule …（118）
消费类终端 purchase typerminal ……………………（118）
消除现场施工过程干扰或施工工艺冲突 ……………（119）

目 录

特性 property …………………………………… (119)

监督中心 supervision center …………………… (119)

监管数据无线采集设备 mobile device for supervise data capture ……………………………… (119)

监理咨询单位 ……………………………………… (119)

能源运行管理 ……………………………………… (120)

能耗模拟分析 ……………………………………… (120)

流程图 ……………………………………………… (120)

流程责任人 ………………………………………… (120)

浸没感 ……………………………………………… (120)

预期目标 …………………………………………… (121)

11 画

基于任务工作方式 fundamental task work mode ……… (121)

基本指标 basic building indicators ……………… (121)

基底图形 building shape ………………………… (121)

基准图元 …………………………………………… (121)

基本信息 …………………………………………… (122)

维度 ………………………………………………… (122)

符号化 symbolization …………………………… (122)

接触式 Ic 卡 contactI Ccard …………………… (122)

逻辑加密+logicenc 叮 ptcard …………………… (122)

嵌入式安全认证模块 em be d ded 脚 u 代 acc e s smo d ule ……………………………………… (122)

密文 ciPhertext …………………………………… (122)

密钥 key …………………………………………… (122)

虚拟现实技术 ……………………………………… (123)

维度 ………………………………………………… (123)

族 …………………………………………………… (123)

清标 verification for tender document ………… (124)

综合地下管线 integrated underground pipeline ……… (124)

· 19 ·

综合地下管线信息系统 integrated underground pipeline information system ……………………………… (124)
绿色建筑 …………………………………………… (125)
虚拟现实 …………………………………………… (125)
虚拟施工 …………………………………………… (125)
勘察设计单位 ……………………………………… (125)
隐蔽工程协调管理 ………………………………… (126)
深度等级 …………………………………………… (126)

12 画 ………………………………………………… (126)

鲁班算量系列软件 ………………………………… (126)
鲁班项目基础数据分析系统 PDS ………………… (127)
链接 ………………………………………………… (127)
链接文件 …………………………………………… (127)
集成电路卡（Ic+）integrated cir cuit (5) card ……… (127)
黑名单 la，less list ………………………………… (127)
筑云 BIM 网（BIMCC）…………………………… (127)
筑大 BIM 之家网（NBIMS）……………………… (127)
属性 property ……………………………………… (128)
智慧城市 …………………………………………… (128)
智慧建筑 …………………………………………… (128)
智慧社区 …………………………………………… (128)
竣工结算审定签署表 final signature list for settlement at completion ……………………………………… (129)
嵌入式安全认证模块 embedded secure access module …… (129)
装配式建筑 ………………………………………… (129)

13 画 ………………………………………………… (129)

碰撞检查 clash detection …………………………… (129)
碰撞检测 Clash Detection ………………………… (130)
幕墙工程 BIM 实施 BIM of curtain wall implrmentation … (130)
楼牌 building name plate ………………………… (130)

· 20 ·

填充图案构件 …………………………………………… (131)

数字城市 ………………………………………………… (131)

数据元 …………………………………………………… (131)

数据汇交 data aggregation …………………………… (131)

数据存储标准 …………………………………………… (131)

数据交互 ………………………………………………… (131)

数据交付 ………………………………………………… (131)

数据层 …………………………………………………… (132)

遥感 ……………………………………………………… (132)

遮阳和日照模拟 ………………………………………… (132)

14 画 ……………………………………………………… (132)

模型命名原则 model naming rule …………………… (132)

模型细度 level of development（LOD）…………… (133)

模型精细度 ……………………………………………… (133)

模型细度规则 …………………………………………… (133)

模型 ……………………………………………………… (133)

模型图元 ………………………………………………… (133)

模型构件 ………………………………………………… (133)

模拟训练 ………………………………………………… (133)

模型说明书 ……………………………………………… (134)

模型所有权 ……………………………………………… (134)

模型层 …………………………………………………… (134)

管线 pipeline …………………………………………… (134)

管线点 …………………………………………………… (134)

管线线段 ………………………………………………… (134)

管线事故隐患 threat of pipeline accident …………… (135)

管线动态监测 pipeline dynamic monitoring ………… (135)

管线要素 pipeline elemenets ………………………… (135)

管理部件 management component …………………… (135)

管理组 …………………………………………………… (135)

· 21 ·

碰撞检查 …………………………………………（135）
　精益建设 …………………………………………（135）
16 画 ……………………………………………（136）
　整体进度规划协调 ………………………………（136）
附录1：Revit 命令名称及快捷键表 ………………（137）
附录2：BIM 软件分类及各阶段常用软件举例表 …（145）
附录3：各专业模型详细程度 ………………………（154）
参考文献 ……………………………………………（164）

1 画

aecXML

aecXML（architecture，engineering，construction XML）是由 Bentley 公司最先于 1999 年 8 月发布的，是一种基于 IFC 标准的用于从 BIM 中获取数据信息的中性机制。

aecXML 主要侧重于以下几个方面的应用：首先，它可以用来表示资源，比如合同和项目文件（投标请求、报价请求、资料请求、明细表、附录、变更要求、购买需求等）、材料、产品和设备；其次，它可以用来描述元数据，比如组织的、专业的和参与者；此外，它还可以表示工程活动，比如提案、工程项目、设计、估价、计划书等方面的信息。

2D 施工图 2D shop drawing

通过幕墙工程 BIM 模型直接导出或导出后的二维施工图。

3D 扫描

3D 扫描是集光、机、电和计算机技术于一体的高新技术，主要用于对物体空间外形、结构及色彩进行扫描，以获得物体表面的空间坐标，具有测量速度快、精度高、使用方便等优点。且其测量结果可直接与多种软件接口。

3D 打印

3D 打印技术是一种快速成型技术，是以三维数字模型文件为基础，通过逐层打印或粉末熔铸的方式来构造物体的技术。综合了数字建模技术、机电控制技术、信息技术、材料科学与化学等方面的前沿技术。

7D

7D 即：3D 实体、1D 时间、3DWBS。形成 7 个维度的结构化数据库、且数据粒度达到构件级，就会产生无数项目革命性的高价值应用，成为革命性技术。

LOD 技术

1976 年，Clark 提出了细节层次（Levels of Detail，简称 LOD）模型的概念，认为当物体覆盖屏幕较小区域时，可以使用该物体描述较粗的模型，并给出了一个用于可见面判定算法的几何层次模型，以便对复杂场景进行快速绘制。

LOD 技术在不影响画面视觉效果的条件下，通过逐次简化景物的表面细节来减少场景的几何复杂性，从而提高绘制算法的效率。该技术通常对每一原始多面体模型建立几个不同逼近精度的几何模型。与原模型相比，每个模型均保留了一定层次的细节。在绘制时，根据不同的标准选择适当的层次模型来表示物体。LOD 技术具有广泛的应用领域。目前在实时图像通信、交互式可视化、虚拟现实、地形表示、飞行模拟、碰撞检测、限时图形绘制等领域都得到了应用，已经成为一项重要技术。很多造型软件和 VR 开发系统都开始支持 LOD 模型表示。

CIC BIM protocol

CIC BIM protocol 即 CIC BIM 协议。CIC BIM 协议是建设单位和承包商之间的一个补充性的具有法律效力的协议，已被并入专业服务条约和建设合同之中，是对标准项目的补充。它规定了雇主和承包商的额外权利和义务，从而促进相互之间的合作，同时有对知识产权的保护和对项目参与各方的责任划分。

Clash rendition

Clash rendition 即碰撞再现。专门用于空间协调的过程，实现不同学科建立的 BIM 模型之间的碰撞规避或者碰撞检查。

CDE

CDE 即公共数据环境。这是一个中心信息库，所有项目相关者都可以进行访问。同时对所有 CDE 中的数据访问都是随时的，所有权仍旧由创始者持有。

COBie

COBie 即施工运营建筑信息交换（Construction Operations Building Information Exchange）。COBie 是一种以电子表单呈现的用于交付的数据形式，为了调频交接包含了建筑模型中的一部分信息（除了图形数据）。

CATIA

Dassault 公司的 CATIA 是全球最高端的机械设计制造软件，在航空、航天、汽车等领域具有接近垄断的市场地位。应用到工程建设行业，无论是对复杂形体还是超大规模建筑其建模能力、表现能力和信息管理能力都比传统的建筑类软件有明显优势，而与工程建设行业的项目特点和人员特点的对接问题则是其不足之处。Digital Project 是 Gery Technology 公司在 CATIA 基础上开发的一个面向工程建设行业的应用软件（二次开发软件），其本质还是 CATIA，就跟天正的本质是 AutoCAD 一样。

CostOS BIM

国外 BIM 相关软件之一，生产厂商为 Nomitech Inc，是基于 BIM 的成本预算的 BIM 软件。

CPU 卡

CPU 卡（CPU Card）又名智能卡，是一种适用于金融、保险、交警、政府行业等多个领域的芯片。

CNBIM

中国 BIM（建筑信息模型）门户平台，提供最新最快相关 BIM 的资讯信息，打造 BIM 资源免费下载共享平台，是刊登最权威的技术指导和专家观点的一个具有影响力的中文 BIM 网站。

CIM

CIM（City Information Modeling）即城市信息模型。（City Information Modeling），是以城市信息数据为基数，建立起三维城市空间模型和城市信息的有机综合体。从范围上讲，它是大场景的 GIS 数据+小场景的 BIM 数据+物联网的有机结合。

CBIMS

解释1：中国建筑信息模型标准（Chinese Building Information Modeling Standard，简称 CBIMS）

CBIMS 标准体系结构主要包括三个方面的内容：

（1）技术规范

即信息交换规范，包括引用现有国家和国际的标准和建设中国的标准体系。主要内容包括：中国建筑业信息分类体系与术语标准；中国建筑领域的数据交换标准；中国建筑信息化流程规则标准。

（2）解决方案

主要针对中国 BIM 数字化资源问题，应用支持 BIM 的软件制作符合《CBIMS 框架研究——技术规范》中的要求的 BIM 数字构件资源。

（3）应用指导

主要是协助用户理解和应用 CBIMS，并利用技术规范来制作构件，并用我们提出的 CBIMS 标准构件来搭建和使用 BIM 模型。

解释2：2010年清华大学软件学院 BIM 课题组提出了中国建筑信息模型标准架（China Building Information Model Standards，简称 CBIMS），框架中技术规范主要包括三个方面的内容：数据交格式标准 IFC、信息分类及数据字典 IFD 和流程规则 IDM。BIM 标准框架主要应包括标准规范、使用指南和标准资源三大部分。

e-specs

国外 BIM 相关软件之一,生产厂商为 InterSpec,是集成 BIM 的明细清单解决方案的 BIM 软件。

CAD

CAD 是 Autodesk 公司的主打产品,全世界范围内工程制图界十几年来广泛使用的绘图软件。

CALS/EC

日本建设领域信息化的标准为 CALS/EC(Continuous Acquisition and Lifecycle Support/Electronic Commerce)标准,主要内容包括工程项目信息的网络发布、电子招投标、电子签约、设计和施工信息的电子提交、工程信息在使用和维护阶段的再利用、工程项目业绩数据库应用等。

CIS/2

CIS/2(CIMsteel Integration Standards Release2)是面向钢结构设计、分析和施工的开放式标准,由美国和英国的钢结构研究院共同开发。CIS/2 广泛应用于北美和欧洲的钢结构领域中,世界上一些著名的钢结构工程软件都已支持 CIS/2 格式的输出文件。CIS/2 标准为门类繁多的软件制定了可统一交换的文本格式,是各类钢结构分析与设计软件结果处理的共享标准。同读者所了解的 IFC 一样,CIS/2 同样是一种数据结构或一种数据标准,只不过 IFC 主要是为了整个工程生命期的设计、施工、运维和管理的信息交换,而 CIS/2 主要是为了钢结构设计、分析和施工数据交换。两种数据模型都可以表现工程数据的几何外形、关系、过程、材料、施工信息以及其他的属性,都使用 EXPRESS 语言定义,并且基于用户的需要可以被扩展。CIS/2 数据模型实体在基本的几何定义方面，有很多是与 IFC 数据模型相应实体是一一对应的，比如坐标体系、笛卡尔点定义等几何信息。

G101. CAC

国内 BIM 相关软件之一，生产厂商为北京金土木软件技术有限公司，主要功能为提供简单直观的操作方式完成施工图信息录入，准确地完成钢筋翻样、优化下料、原材料用量计算，并根据钢筋施工流程，输出钢筋配料单、钢筋优化配料单、钢筋加工单、钢筋料牌等多种实用表单。

ArchiCAD

ArchiCAD 是 GraphiSoft 公司的产品，其基于全三维的模型设计，拥有强大的平、立、剖面施工图设计、参数计算等自动生成功能，以及便捷的方案演示和图形渲染，为建筑师提供了一个无与伦比的"所见即所得"的图形设计工具。它的工作流是集中的，其他软件同样可以参与虚拟建筑数据的创建和分析。ArchiCAD 拥有开放的架构并支持 IFC 标准，它可以轻松地与多种软件连接并协同工作。以 ArchiCAD 为基础的建筑方案可以广泛地利用虚拟建筑数据并覆盖建筑工作流程的各个方面。作为一个面向全球市场的产品，ArchiCAD 可以说是最早的一个具有市场影响力的 BIM 核心建模软件之一。

Green Building Studio

国外 BIM 相关软件之一，生产厂商为 Autodesk，基于 Web 的能源分析软件。

GSL

GSL 即 Government Soft Landings。这是一个由英国政府开始的交付仪式，它的目的是为了减少成本（资产和运行成本）、提高资产交付和运作的效果，同时受助于建筑信息模型。

GIS

地理信息系统 Geograpphical Information System 的缩略词。地理信息系统是用于管理地理空间分布数据的计算机信息系统，以直观的地理图形方式获取、存储、管理、计算、分析和显示与刺球表面位置相关的各种数据，英文缩写为 GIS。

IDM

IDM 即 Information Delivery Manual。IDM 是对某个指定项目以及项目阶段、某个特定项目成员、某个特定业务流程所需要交换的信息以及由该流程产生的信息的定义。每个项目成员通过信息交换得到完成他的工作所需要的信息，同时把他在工作中收集或更新的信息通过信息交换给其他需要的项目成员使用。

IFC

解释1：IFC 即 Industry Foundation Class。IFC 是一个包含各种建设项目设计、施工、运营各个阶段所需要的全部信息的一种基于对象的、公开的标准文件交换格式。

解释2：1997 年 1 月，IAI（Industry Alliancefor Interoperability）组织发布了 IFC（Industry Foundation Classes）信息模型的第一个完整版本。经过十余年的努力，IFC 信息模型的覆盖范围、应用领域、模型框架都有了很大的改进，并已经被 ISO 标准化组织接受。IFC 标准是面向对象的三维建筑产品数据标准，其在建筑规划、建筑设计、工程施工、电子政务等领域获得广泛应用。

Information Manager

Information Manager 即为雇主提供一个"信息管理者"的角色，本质上就是一个负责 BIM 程序下资产交付的项目管理者。

IES Suite

国外 BIM 相关软件之一，生产厂商为 Integrated Environmengal

Solutions，用于可持续性设计，能量分析。

Innovaya Suite

国外 BIM 相关软件之一，生产厂商为 lnnovaya，用于 4D 模型，5D 预算和项目管理 de ruanjian。

IC 卡读写器 reader

可与 IC 卡进行数据交换的终端设备。

IFC 标准

即国际上的 IFC 标准《工业基础类 IFC 平台规范》。该标准规定了建筑对象数字化定义的一般要求，资源层、核心层及交互层。它适用于建筑物生命周期中各个阶段内以及各阶段之间的信息交换和共享，包括建筑设计、施工、管理等。水利、交通和电信等建设领域的信息交换和共享可参考该标准。

ID

标识码 identifier 的缩略词。

Level0、Level1、Level2、Level3

Levels：表示 BIM 等级从不同阶段到完全合作被认可的里程碑阶段的过程，是 BIM 成熟度的划分。这个过程被分为 0~3 共 4 个阶段。目前对于每个阶段的定义还有争论，最广为认可的定义如下：

Level0：没有合作，只有二维的 CAD 图纸，通过纸张和电子文本输出结果。

Level1：含有一点三维 CAD 的概念设计工作，法定批准文件和生产信息都是 2D 图输出。不同学科之间没有合作，每个参与者只含有它自己的数据。

Level2：合作性工作，所有参与方都使用他们自己的 3D CAD 模型，设计信息共享是通过普通文件格式（common file format）。

各个组织都能将共享数据和自己的数据结合,从而发现矛盾。因此各方使用的 CAD 软件必须能够以普通文件格式输出。

Level3:所有学科整合性合作,使用一个在 CDE 环境中的共享性的项目模型。各参与方都可以访问和修改同一个模型,解决了最后一层信息冲突的风险,这就是所谓的"Open BIM"。

ISO/DIS 12006—2

ISO/DIS 12006—2 是国际标准化组织为各国建立自己的建筑信息分类体系所制定的框架。它对建筑信息分类体系的基本概念、术语进行了定义,并描述了这些概念之间的关系,然后提出分类体系的框架,即分类表的组成和结构,但不提供具体的分类表。此标准是对多年以来已有的各种建筑信息分类系统的提炼。

IPMA

国际上的两大项目管理体系之一,即以欧洲为首的体系——国际项目管理协会。

IFCXML

IFCXML 和 IFC 一样,都是由 buildingSMART 开发和支持的,是 IFC 模式映射到 XML 文件的一个子集。

LOD

解释1:BIM 模型的发展程度或细致程度 (Level of detail),LOD 描述了一个 BIM 模型构件单元从最低级的近似概念化的程度发展到最高级的演示级精度的步骤。LOD 的定义主要运用于确定模型阶段输出结果及分配建模任务这两方面。

解释2:LOD 技术即 Levels of Detail 的简称,意为多细节层次。LOD 技术指根据物体模型的节点在显示环境中所出的位置和重要度,决定物体渲染的资源分配,降低非重要物体的面数和细节度,从而获得高效率的渲染运算。

LoI

LoI 即 Level of Information。LoI 定义了每个阶段需要细节的多少。比如,是空间信息、性能,还是标准、工况、证明等。

LCA

LCA 即全生命周期评估(Life-Cycle Assessment)或全生命周期分析(Life-Cycle Analysis),是对建筑资产从建成到退出使用整个过程中对环境影响的评估,主要是对能量和材料消耗、废物和废气排放的评估。

IPD 模式

集成产品开发(Integrated Product Development,简称 IPD)是一套产品开发的模式、理念与方法。IPD 的思想来源于美国 PRTM 公司出版的《产品及生命周期优化法》一书,该书中详细描述了这种新的产品开发模式所包含的各个方面。IPD 模式在建设领域的应用体现为,开始动工前,业主就召集设计方、施工方、材料供应商、监理方等各参建方一起做出一个 BIM 模型,这个模型是竣工模型,即所见即所得,最后做出来就是这个样子。然后各方就按照这个模型来做自己的工作就行了。采用 IPD 模式后,施工过程中不需要再返回设计院改图,材料供应商也不会随便更改材料进行方案变更。这种模式虽然前期投入时间精力多,但是一旦开工就基本不会再浪费人、财、物、时在方案变更上。最终结果是可以节约相当长的工期和不小的成本。

Open BIM

Open BIM 即一种在建筑的合作性设计施工和运营中基于公共标准和公共工作流程的开放资源的工作方式。

one point 设计协同平台

国内 BIM 软件之一，北京东经天元软件科技有限公司生产。主要功能为数据集中存储与管理、协同设计、知识管理、对外数据门户的 BIM 软件。

Onuma

国外 BIM 相关软件之一，生产厂商为 Onuma Systems。主要用于数据协同，规划。

Uniclass

Uniclass 即英国政府使用的分类系统，将对象分类到各个数值标头，使事物有序。在资产的全生命过程中根据类型和种类将各相关元素整理和分类，有可能作为 BIM 模型的类别。

Visual Sinulation

Visual Sinulation 软件是 Innovaya 公司开发的一款 4D 进度规划与可施工性分析软件，与 Navisworks 相似之处在于其能与 Revit 软件创建的模型相关联，且由 Microsoft Project 或 Primavera 进度计划软件所创建的施工进度计划可以导入到 Visual Sinulation 软件中。用户可以方便地单击 4D 建筑模拟中的建筑对象，查看在甘特图中显示的相关任务，反之亦可。Visual Sinulation 施工模拟可以有效地加强项目各参与方的沟通与协作，优化施工进度计划，为缩短工期、降低造价提供帮助。

SAP 2000

国外 BIM 相关软件之一，生产厂商为 Computers and Structures Inc，软件主要功能：SAP2000 三维图形环境中提供了多种建模、分析和设计选项，且完全在一个集成的图形界面内实现，为在交通运输、工业、公共事业、体育和其他领域工作的工程师提供分析引擎和设计工具。

SAGE Suit

国外 BIM 相关软件之一，生产厂商为 SAGE Timberline。软件主要功能：预算、管理等供应商和分包商财务和操作功能。

SDS/2

国外 BIM 相关软件之一，生产厂商为 Magnus Inc/Design Data。软件主要功能：钢结构详图设计。

Sketch UP Pro

国外 BIM 相关软件之一，生产厂商为 Google。软件主要功能：3D 建模，2D 文档和演示。

Sketch UP

SketchUP 是诞生于 2000 年的 3D 设计软件，因其上手快速，操作简单而被誉为电子设计中的"铅笔"。2006 年被 Gilogte 收购后推出了更为专业的版本 SketchUp Pto，它能够快速创建精确的 3D 建筑模型，为业主和设计师提供设计、施上验证和流线、角度分析，方便业主与设计师之间的交流协作。

Synchro 4D

Synchro 4D 是一款年轻但功能强大的 4D 软件，具有比其他同类 4D 软件更加成熟的施工进度计划管理功能，可以为整个项目的各参与方（包括业主、建筑师、结构师、承包商、分包商、材料供应商等）提供实时共享的工程数据。工程人员可以利用 Synchro4D 软件进行施工过程可视化模拟、安排施工进度计划、实现高级风险管理、同步设计变更、实现供应链管理以及造价管理。Synchro 4D 软件能与 SolidWoeks Google SketchUp 以及 Bentley 软件创建的模型相关联，且由 Microsoft Project Primavera Asta Powerproject 进度计划软件创建的施工进度计划同样可以导入到该 4D 软件中。

SKP

SKP 文件是 SketchUp 草图大师的专用文件格式，它是一个三维立体模型文件。SketchUp 是一套直接面向设计方案创作过程的设计工具。

WIP

英文名称 Work In Progress，简写为 WIP，指进行中的工作，正在构建中的内容，这些内容未经过审查和验证，不适合在设计小组之外使用。

T=0 协议

面向字符的异步半双工传输协议。

T=1 协议

面向块的异步半双工传输协议。

Tekla Structure（Xsteel）

Tekla Structure（Xsteel）是目前最有影响的基于 BIM 技术的钢结构深化设计软件。该软件可以使用 BIM 核心建模软件的数据，对钢结构进行面向加工、安装的详细设计，生成钢结构施工图（加工图、深化图、详图）材料表、数控机床加工代码等。

VDC 模式

美国发明者协会于 1996 年首先提出虚拟建设的概念。虚拟建设的概念是从虚拟企业引申而来的，只是虚拟企业针对的是所有的企业，而虚拟建设针对的是工程项目，是虚拟企业理论在工程项目管理中的具体应用。虚拟设计建设模式（Virtual Design Construction，简称 VDC），是指在项目初期，即用 BIM 技术进行整个项目的虚拟设计、体验和建设模拟，甚至是运用维护，通过前期反复的体验和演练，发现项目存在的不足，优化项目实施组织，提高项目整体的品质和建设速度、投资效率。

Visual Estimating

Visual Estimating 软件是 Innovaya 公司开发的一款针对工程造价的应用软件，结合该公司开发的 Visual Estimating 4D 软件，即可实现 5D 项目管理功能。Visual Estimating 软件可以与 Sage Timberline 工程造价软件相协作，且由 Revit 软件和 Tekla 软件各自创建的 BIM 模型均可导入其中。其具体功能包括自动计算工程量、定义装配件的组成等。

Virtual Construction

VirtualConstruction 软件套装是一款高度集成的为施工单位服务的 5D 管理工具。其套装包括：VICO Condtructor（建模）、VICO Estimator（概预算）、VICO Control（进度控制）、VICO 5D Ppesenter（5D 演示工具）、VICO Cost Manager（造价管理）、VICO Change Manage（变更管理）。

VR 技术

虚拟现实的（Vrtual Reality）的简称，也称人工环境，是利用计算机模拟产生三维空间的虚拟世界，提供给用户关于视觉、听觉、触觉等感官的模拟，让用户如身临其境一样，可以及时、没有限制地观察三维空间内的事物。用户进行位置移动式，计算机可以立即进行复杂的运算，将精确的三维世界视频传回产生临场感。该技术继承了计算机图形、计算机仿真、人工智能、感应、显示及网络并行处理等技术的最新发展成果，是一种由计算机辅助生成的高技术模拟系统。VR 技术具有多感知性、浸没感、交互性和构想性的特点。

一体化

一体化指的是基于 BIM 技术可进行从设计到施工再到运营贯

穿了工程项目的全生命周期的一体化管理。BIM 的技术核心是一个计算机三维模型所形成的数据库,不仅包含了建筑师的设计信息,而且可以容纳从设计到建成使用,甚至是使用周期终结的全过程信息。BIM 可以持续提供项目设计范围、进度以及成本信息,这些信息完整可靠并且完全协调。BIM 能在综合数字环境中保持信息不断更新并可提供访问,使建筑师、工程师、施工人员以及业主可以清楚全面地了解项目。这些信息在建筑设计、施工和管理的过程中能使项目质量提高,收益增加。BIM 的应用不仅仅局限于设计阶段,而是贯穿于整个项目全生命周期的各个阶段。BIM 在整个建筑行业从上游到下游的各个企业间不断完善,从而实现项目全生命周期的信息化管理,最大化地实现 BIM 的意义。

在设计阶段,BIM 使建筑、结构、给水排水、空调、电气等各个专业基于同一个模型进行工作,从而使真正意义上的三维集成协同设计成为可能。将整个设计整合到一个共享的建筑信息模型中,结构与设备、设备与设备间的冲突会直观地显现出来,工程师们可在三维模型中随意查看,并能准确查看到可能存在问题的地方,并及时调整,从而极大避免了施工中的浪费。这在极大程度上促进设计施工的一体化过程。在施工阶段,BIM 可视化模拟与可视化管理。帮助施工人员促进建筑的量化,迅速为业主制定展示场地使用情况或更新调整情况的规划,提高文档质量,改善施工规划。最终结果就是能将业主更多的施工资金投入到建筑,而不是行政和管理中。此外,BIM 还能在运营管理阶段提高收益和成本管理水平,为开发商招商和业主购房提供了极大的透明和便利。BIM 这场信息革命,对于工程建设设计施工一体化各个环节,必将产生深远的影响。这项技术已经可以清楚地表明其在协调方面的设计,缩短设计与施工时间表,显著降低成本,改善工作场所安全和可持续的建筑项目所带来的整体利益。

2 画

BEP

BEP 即 BIM 实施计划（BIM Execution Plan）。BIM 实施计划分为"合同前"BEP 和"合作运作期"BEP。"合同前"BEP 主要负责雇主的信息要求，即在设计和建设中纳入承包商的建议；"合作运作期"BEP 主要负责合同交付细节。

Bentley Architecture

Bentley 公司的 Bentley Architecture 是集直觉式用户体验交互界面、概念及方案设计功能、灵活便捷的 2D/3D 工作流建模及制图工具、宽泛的数据组及标准组件库定制技术于一身的 BIM 建模软件，是 BIM 应用程序集成套件的一部分，可针对设施的整个生命周期提供设计、工程管理、分析、施工与运营之间的无缝集成。在设计过程中，不但能让建筑师直接使用许多国际或地区性的工程业界的规范标准进行工作，更能通过简单的自定义或扩充，以满足实际工作中不同项目的需求，让建筑师能拥有进行项目设计、文件管理及展现设计所需的所有工具。目前在一些大型复杂的建筑项目、基础设施和工业项目中应用广泛。

Bentley Suite

国外 BIM 相关软件之一，生产厂商为 Bentley，是用于基础设施、建筑、机构和机电设计建模的 BIM 软件。

Bluethink

国外 BIM 相关软件之一，生产厂商为 Selvaag Bluethink。是基于规则的 3D 住宅设计的 BIM 软件。

Bentley MicroStation

Bentley MicroStation 是世界领先的信息建模环境，专为公用事业系统、公路、铁路、桥梁、建筑、通信网络、给排水管网、采矿等类型基础设施的建筑、工程、施工和运营而设计。MicroStation 既是一款软件应用程序，也是一个技术平台。作为一款软件应用程序，MicroStation 可通过三维模型和二维设计实现实境交互，确保生成值得信赖的交付成果，如精确的工程图、内容丰富的三维 PDF 和三维绘图。它还具有强大的数据和分析功能，可对设计进行性能模拟，包括逼真的渲染效果和超炫的动画。此外，MicroStation 还能以全面的广度和深度整合来自各种 CAD 软件和工程格式的工程几何线形和数据，确保用户与整个项目团队实现无缝化工作。作为适用于 Bentley 和其他软件供应商特定专业应用程序的技术平台，MicroStation 提供了强大的子系统，可保证几何线形和数据集成的一致性，并可增强用户在大量综合的设计、工程和模拟应用程序组合方面的体验。它可以确保每个应用程序都充分利用这些优势，使跨领域团队通过具有数据互用性的软件组合中受益。

Bentley ProjectWise

Bentley ProjectWise 是一款专门针对基础设施项目的建造、工程、施工、运营进行设计和建造开发的项目协同工作及工程信息管理软件。与传统的文档管理和协同工作软件不同的是，ProjectWise 是一个协同工作服务器和服务系统，用于在基础设施项目进行设计和施工时为其提供信息。它通过工作共享、内容重复利用和动态反馈提供业界公认的可扩展优势。

Bentley AssetWise 为了确保资产运营的安全性、可靠性和合规性，Bentley 充分利用三十多年的设计及可视化创新结果，采用基于风险的方法进行资产管理，一直处在工程软件的最前沿。借助使用二维或三维智能基础设施模型和点云功能，以及工程信息和资产性能管理功能，Bentley 提供了一个企业平台，有助于业主在整个生命期内管理资产。这一可视化的工作流程同时支持现有和旧有运营，有助于消除资本支出和运营支出之间的脱节，还能为资产的运营性能及安全性提供可持续的业务策略。AssetWise 能够帮助业主实现运营和维护卓越、资产集成和流程安全的愿景。无论业主所面临的挑战是可靠性和可用性的增强、维护成本的降低、资产生命周期的延长、资产运营的安全还是法规的遵守，AssetWise 性能管理都能为其提供完备的解决方案，帮助业主应对这些挑战、赢得竞争优势。

BIM 核心建模软件

BIM 核心建模软件的英文通常叫"BIM Authoring Software"，是 BIM 应用的基础，也是在 BIM 的应用过程中碰到的第一类 BIM 软件，简称"BIM 建模软件"。BIM 核心建模软件公司主要有 Autodesk、Bentley、GraphisoYt/l4enaetscnek AG 以及 Gery Technology 公司等。

BIM

定义 1："Building Informauon Model"或"Buildini 111101-marlon Modeling"的简写，中文名为"建筑信息模型"或"建筑信息模拟"。"建筑信息模型"是指基于 BIM 所产生的数字化建筑模型。"建筑信息模拟"是指创建并利用数字化模型对建设工程项目的设计、建造和运营全过程进行管理和优化的过程、方法和技术。BIM 模型的信息由几何属性信息和非几何属性信息两部分组成，包括模型使用、工作流和模型方法。模型方法影响模型生成的信息质量。在获取需要的项目结果和决策支持中，什么时候与为什么使用共享模型会影响 BIM 使用的效率和有效性。

定义 2：建筑信息模型（Building Information Modeling）或者建筑信息化管理（Building Information Management）或者建筑信息制造（Building Information Manufacture）是以建筑工程项目的各项相关信息数据作为基础，通过数字信息仿真模拟建筑物所具有的真实信息，通过三维建筑模型，实现工程监理、物业管理、设备管理、数字化加工、工程化管理等功能。它具有信息完备性、信息关联性、信息一致性、可视化、协调性、模拟性、优化性和可出图性八大特点。将建设单位、设计单位、施工单位、监理单位等项目参与方在同一平台上,共享同一建筑信息模型。利于项目可视化、精细化建造。BIM 不再像 CAD 一样只是一款软件,而是一种管理手段,是实现建筑业精细化,信息化管理的重要工具。

定义 3:国际标准组织委员会将 BIM 定义为:BIM 是利用开放的行业标准,对实施的物理和功能特性及其相关的项目生命周期信息进行数字化形式的表现,从而为项目决策提供支持,有利于更好地实现项目的价值。

定义 4:BIM 即"Building Information Modeling"。中文翻译为"建筑信息模型"。是以建筑工程项目的各项相关信息数据作为模型的基础,进行建筑模型的建立,通过数字信息仿真模拟建筑物所具有的真实信息。在这里,信息不仅仅是三维几何形状信息,还包含大量的非几何形状信息。如建筑构件的材料、重量、价格、进度等等。它具有可视化、协调性、模拟性、优化性和可出图性五大特点,并贯穿建筑物全生命周期。

定义 5:建筑信息模型 BIM(Building Information Model-ing)的概念是由美国乔治亚技术学院的查克·伊斯曼教授于 30 多年前提出的,J 它以三维数字技术为基础并集成建筑工程项目各种相关信息的工程基础数据模型,是对工程项目相关信息详尽的数字化表达。BIM 的实现将从根本上解决规划、设计、施工、运营各阶段的信息断层问题,实现工程信息在全寿命期内的有效利用与管理,是谋求根本改变传统设计方式、消除"信息孤岛"的重要手段之一。

定义 6:国际 BIM 联盟(Building Smart International)对 BIM 的定义是:BIM 是英文短语的缩写,它代表三个不同但相互联系的功能。

建筑信息模型化(Building Information Moddling):是生成建筑信息并将其应用于建筑的设计、施工以及运营等生命期阶段的

· 19 ·

商业过程。它允许相关方借助于不同技术平台的互操作性，同时访问相同的信息。

建筑信息模型（Building Information Model）：是对建筑物理和功能特性的数字式表达，可以用作设施的相关参与方共享的信息知识源，称为包括策划在内的设施全生命期的可靠的决策基础。

建筑信息管理（Building Information Management）是通过利用数字模型中的信息对商业过程进行的组织和控制，目的是提高资产全生命期信息共享的效果，其好处包括集中而直观的沟通、方案的早期比选、可持续性、有效的设计、专业集成、现场控制、竣工资料等，从而可用于有效地开发资产从策划到退役前生命期的过程和模型。

BIM 5D

一款基于 BIM 的施工过程的管理工具。可以通过 BIM 模型集成进度、预算、资源、施工组织等关键信息，对施工过程进行模拟，及时为施工过程中的技术、生产、商务等环节提供准确的形象进度、物资消耗、过程计量、成本核算等核心数据，提升沟通和决策效率，帮助客户对施工过程进行数字化管理，从而达到节约时间和成本，提升项目管理效率的目的。

BIM 可持续（绿色）分析软件

可持续（或绿色）分析软件可使用 BIM 模型信息，对项目进行日照、风环境、热工、景观可视度、噪音等方面的分析和模拟。主要软件有国外的 Echotect、IES、Green Building Studio，以及国内的 PKPM 等。

BIM 机电分析软件

水暖电或电气分析软件。国内产品有鸿业、博超等，国外产品有 Designmaster、IES Virtual Environment、Trane Trace 等。

BIM 结构分析软件

结构分析软件是目前与 BIM 核心建模软件配合度较高的产品，基本上可实现双向信息交换。即：结构分析软件可使用 BIM 核心建模软件的信息进行结构分析，分析结果对于结构的调整，又可反馈到 BIM 核心建模软件中去，自动更新 BIM 模型。国外结构分析软件有 ETABS、STAAD、Robot 等，国内的有 PKPM。均可与 BIM 核心建模软件配合使用。

BIM 深化设计软件

Xsteel 作为目前最具影响力的基于 BIM 技术的钢结构深化设计软件，可使用 BIM 核心建模软件提交的数据，对钢结构进行面向加工、安装的详细设计，即生成钢结构施工图（加工图、深化图、详图）、材料表、数控机床加工代码等。

BIM 模型综合碰撞检查软件

以下这两个根本原因，导致模型综合碰撞检查软件的必然出现：

（1）不同专业人员使用各自建模软件，来建立与自己专业相关的 BIM 模型，而这些模型需在同一个环境里面集成起来，才能完成整个项目的设计、分析及模拟，但这些不同专业建模软件，本身无法实现这一点；

（2）对于大型项目而言，因硬件限制而使 BIM 核心建模软件往往无法在一个文件里操作整个项目模型，但是又必须把这些分开创建的局部模型整合在一起，进而才能研究整个项目的设计、施工及其运营状态。

模型综合碰撞检查软件基本功能包括集成各种三维软件（包括 BIM 软件、三维工厂设计软件、三维机械设计软件等）创建的模型，并进行 3D 协调、4D 计划、可视化、动态模拟等，其实也属于一种项目评估、审核软件。常见的模型综合碰撞检查软件主要有 Autodesk Navisworks、Bentley Projectwise Navigator 和 Solibri

Model Checker 等。

BIM 造价管理软件

即利用 BIM 模型提供的信息进行工程量统计和造价分析的一种软件。它可根据工程施工计划动态提供造价管理需要的数据，亦即所谓 BIM 技术的 5D 应用。国外 BIM 造价管理有 Innovaya 和 Solibri，鲁班则是国内 BIM 造价管理软件的代表。

BIM 运营管理软件

美国国家 BIM 标准委员会认为，一个建筑物完整生命周期中的 75% 成本发生在运营阶段（使用阶段），而建设阶段（设计及施工）的成本只占 25%。因此可断言，BIM 模型为建筑物运营管理阶段提供服务，将是 BIM 应用的重要推动力和主要工作目标。BIM 运营管理软件中，ArchiBUS 是最有市场影响的软件之一，而 FacilityONE 也将提供有关帮助。

BIM 发布审核软件

常用 BIM 成果发布审核软件包括 Autodesk Design Review、Adobe PDF 和 Adobe 3D PDF。正如这类软件本身名称所描述的那样，发布审核软件把 BIM 成果发布成静态的、轻型的、包含大部分智能信息的、不能编辑修改但可标注审核意见的、更多人可访问的格式（如 DWF/PDF/3D PDF 等），供项目其他参与方进行审核或使用。

BIM 基础软件

BIM 基础软件是指可用于建立能为多个 BIM 应用软件所使用的 BIM 数据的软件。例如，基于 BIM 技术的建筑设计软件可用于建立建筑设计 BIM 数据，且该数据能被用在基于 BIM 技术的能耗分析软件、日照分析软件等 BIM 应用软件中。除此以外，基于 BIM 技术的结构设计软件及设备设计（MEP）软件也包含在这一大类中。目前实际过程中使用的这类软件的例子，如美国

Autodesk 公司的 Revit 软件，其中包含了建筑设计软件、结构设计软件及 MEP 设计软件；匈牙利 Graphisoft 公司的 ArchiCAD 软件等。

BIM 工具软件

BIM 工具软件是指利用 BIM 基础软件提供的 BIM 数据，开展各种工作的应用软件。例如，利用建筑设计 BIM 数据，进行能耗分析的软件、日照分析的软件、生成二维图纸的软件等。目前实际过程中使用这类软件的例子，如美国 Autodesk 公司的 Ecotect 软件，我国的软件厂商开发的基于 BIM 技术的成本预算软件等。有的 BIM 基础软件除了提供用于建模的功能外，还提供了其他一些功能，所有本身也是 BIM 工具软件。例如，上述 Revit 软件还提供了生成二维图纸等功能，所有它既是 BIM 基础软件，也是 BIM 工具软件。

BIM 工具（tool）

BIM 工具（tool）用于特定任务的软件，一般产生具体的结果。例如那些用来生成模型、生产图纸、编写规则、成本估计、冲突和错误检测、能源分析、透视、进度安排和视觉化的工具。工具输出通常是独立的，例如报告、图纸等。然而，在某些情况下，工具输出可以导出到其他软件中，如把工程量试算、成本估计、结构的对应信息传到一个相关的详图设计软件中。

BIM 平台（platform）

BIM 平台（platform）一种应用模式，通常用于多种用途和协同工作中。它提供了一个主要模型来存放平台上所有的信息，大多数 BIM 平台还会在内部合并其他工具功能，如图纸生成和冲突检测。它们通常与其他多种工具的界面合并，具有不同层次的集成。某些平台与分享用户界面和互动的方式。Digital Project 就是以此方式进行架构的，与它的 Structure、Imagine and Shape、System Routing 等工具建置于系统中，称为 Workbenches。

BIM 环境（environment）

BIM 环境（environment）利用一个或多个信息渠道的数据管理，集成架构内的工具和平台，它支持架构内格式和信息作业。BIM 环境出现的方式往往不是以一种概念化的方式形成，而是根据实际的内部需求以特定的方式产生。多个 BIM 工具信息集成实现自动化生成和管理是 BIM 环境最显著的用途。此外，使用多种平台因而有多个数据模型，资料管理和协调则是另一个层次所需，它会解决系统之间与多种平台间的追踪与协调沟通。BIM 环境提供比模型信息本身更广泛的信息形式，例如视频、图像、音频记录、电子邮件，以及许多管理项目的信息形式。BIM 平台未被预算管理如此多样的信息，而 BIM 服务器是以支持 BIM 环境为目标的新产品。此外，BIM 环境包括可供重复使用的对象和图库，同时应用软件的界面也会支持与企业管理及会计系统的连接。

BIM 平台软件

BIM 平台软件是指能对各类 BIM 基础软件及 BIM 工具软件产生的 BIM 数据进行有效的管理，以便支持建筑全生命期 BIM 数据的共享应用的应用软件。该类软件一般为基于 Web 的应用软件，能够支持工程项目各参与方及各专业工作人员之间公共网络高效地共享信息。目前实际过程中使用这类软件的例子，如美国 Autodesk 公司 2012 年推出的 BIM360 软件。该软件作为 BIM 平台软件，包含一系列基于云的服务，支持基于 BIM 的模型协调和智能对象数据交换。又如匈牙利 Graphisoft 公司的 Delta Server 软件，也提供了类似功能。

BIM 构件

构成 BIM 模型基本对象或组件。本标准中特指机电工程 BIM 构件。

BIM 之父

即乔治亚理工大学的 Chuck Eastman 教授。伊斯特曼（Chuck Eastman）先生有"BIM 之父"的美誉。伊斯特曼教授曾任卡内基梅隆大学和加利福尼亚大学洛杉矶分校任教，现任佐治亚理工学院建筑与计算机科学学院教授、数字化建造实验室主任，其著作《建筑产品模型：支撑设计和施工的计算机环境》与《BIM 手册》等奠定了他作为建筑信息模型（BIM）领域创始人的地位。1975 年，"BIM 之父"——乔治亚理工大学的 Chuck Eastman 教授创建了 BIM 理念至今，BIM 技术的研究经历了三大阶段：萌芽阶段、产生阶段和发展阶段。

BIM 项目实施计划指南

美国 2009 年 8 月发布《BIM 项目实施计划指南》第一版。主要包括以下四个步骤：1）确定使用 BIM 在项目计划、设计、建造和运营各阶段中的目标和价值；2）设计 BIM 执行步骤；3）明确规定项目各阶段需交付的 BIM 信息和信息交换形式；4）制订 BIM 实施过程中的法律法规、技术和质量检查等细节。2010 年 4 月，《BIM 项目实施计划指南》第二版发布。

BIM 考试

为了建筑信息化技术发展选拔合格的专业技能人才，提高建筑业从业人员信息技术的应用水平，推动技术创新，满足建筑业转型升级需求；充分利用现代信息化技术，提高建筑业生产效率、节约成本、保证质量，高效应对在工程项目策划与设计、施工管理、材料采购、运行和维护等全生命周期内进行信息共享、传递、协同、决策等任务，设立 BIM 技能考试。国内目前有由人力资源社会保障部、住房和城乡建设部、工业和信息化部、科技部下属不同协会、学会负责。

BIM 模型 BIM model

基于建筑信息模型所产生的数字化建设模型。BIM 模型的信息由几何信息和非几何信息两部分组成。

BIM 设计协同平台 BIM design collaboration platform

企业建立的多专业、多参与方的设计协同工作的软硬件环境。

BIM 模型深度 level of detail of BIM models

英文名称"BIM model depth",BIM 模型深度是指模型中信息的详细程度,包括几何信息深度和非几何信息深度。

BIM 工程师

从事 BIM 相关工程技术及管理的人员。

BIM 操作员

BIM 应用岗位之一,即进行实际 BIM 建模及分析的人员,属于 BIM 工程师发展的初级阶段。

BIM 技术主管

BIM 应用岗位之一,即在 BIM 项目实施过程中负责技术指导及监督的人员,属于 BIM 工程师职业发展中的中级阶段。

BIM 技术

解释1:BIM 技术不止是一门技术也是一个过程,能把工程建筑业的整个操作过程及信息收集起来,再变成数字化的建筑组件来进行各个建筑群众的构件组成。BIM 技术可以使建筑效果多角度、立体化、更清晰、更直观,遇到问题也会更容易解决。也就是说 BIM 技术是建筑工程的一个真实模拟,通过设计、建造与管理上的控制,实现管理高效化,风险最小化。

解释2：BIM技术的英文全称是Building Information Modeling。我国对其定义为：建筑信息模型。而现在BIM技术是以三维数字技术为依据，通过三维数据、参数整合等一系列科学技术，因此，BIM技术应用在各种建筑工程项目中。BIM技术具有相关联的信息数据模型，在项目的策划、维护、运行的周期过程中进行信息的传递和共享，使得工程技术人员各种建筑信息得到准确的理解、精确应用，从而让设计人员和建筑单位等各建设方提供协调工作的技术。不仅可以缩短工期，更能提高生产效率解决成本。因此，BIM技术可以在多领域发挥重要的效果模式、应用于工程设计建造管理的一种数据化工具。

解释3：所谓的BIM技术是指把和建筑有关的信息进行结合，进而构件一个完整的建筑模型系统。由于跟建设有关，因此在设计、施工、管理以及养护等环节起着重要的作用。BIM技术作为一种新型的设计理念以及设计技术，最早应用在欧美等国家的建设工程中，并且取得了良好的应用效果。随着时间的推移，BIM技术在各个领域中得到了全面的应用。BIM技术是将工程项目物理功能特点进行展现的数字描述以及管理技术。该技术贯穿于整个工程项目中，其中包含设计、施工、管理以及运营等阶段，不仅起到工程信息的共享和应用的作用，同时还能保障信息和实际的协同。

解释4：BIM技术，机建筑信息模式，其设计范围非正常广泛，例如建筑空间理念以及地理信息等。可以全方位地对建筑的整个过程进行详细的描述。在建筑工程中应用BIM技术，可以有效地整合各个施工流程，并进行数字化模型建立，从而加大模型的应用力度。在传统的建筑工程管理中，一般都是采用二维图纸方式进行，而利用BIM技术，则可以实现建筑效果的立体性。

解释5：BIM技术即建筑信息化技术，是一种多维（三维空间、四维时间、五维成本、N维更多应用）信息模型的集成技术。可以使建设项目的所有参与方（包括政府主管部门、业主、设计、施工、监理、造价、运营管理、项目用户等）在项目从概念产生到完全拆除的整个寿命周期内，都能够在模型中操作信息和在信息中操作模型，从而从根本上改变从业人员依靠符号文字形式图纸进行项目建设何运营管理的工作方式，实现在建设项目全生命周期内提高工作效率和质量，以及减少错误和风险的目标。BIM 技术能够有效对建筑业工程设计、成本管理、施工控制、运营维护等全过程的信息数据提供支持与传递，达到项目管理之间的要求。

BIM 项目经理

解释 1：BIM 应用岗位之一，即负责 BIM 项目实施的管理人员，属于项目级的职位，是 BIM 工程师发展的高级阶段。

解释 2：BIM 项目经理是针对具体实施 BIM 项目的管理岗位，需要在每个实施的项目上，负责 BIM 项目的规划、管理和执行。该岗位通常由原施工项目的项目经理或项目技术总工担任，有丰富的项目管理经验。但在 BIM 实施初期，他们对于 BIM 技术的专业知识比较欠缺，需要对 BIM 技术的各个应用价值点和具体实施流程进行系统性地学习，能够自行或通过调动资源解决工程项目 BIM 应用中的技术和管理问题。

BIM 经理（协调人）

业主指定的自然人或公司，负责协调项目中 BIM 的使用并确保项目团队正确执行《BIM 执行计划》。根据项目的不同性质（如预算、交付方法），一个项目中可能有不止一个 BIM 经理。原来的项目成员（如项目经理、建筑师等）也可以担任这个角色。

BIM 构件（组件）库

英文名称"BIM component library"，BIM 构件（组件）库是指在 BIM 实施过程中开发、积累并经过加工处理，形成可重复利用的构件（组件）的集合。

BIM 战略总监

解释 1：BIM 应用岗位之一，即负责 BIM 发展及应用战略的人员。属于企业级的职位，可以是部门或专业级的 BIM 专业应用人才或企业各类技术主管等，是 BIM 工程师执业发展的高级阶段。

解释2：BIM 战略总监属于企业级的 BIM 管理岗位，其主要职责是负责企业 BIM 的总体发展战略和整体实施，对企业 BIM 规划和推进进行全盘把控。该职位需要对施工业务和技术有一定管理经验，并对 BIM 技术的应用价值有系统了解和深入认识。BIM 战略总监不一定要求会操作 BIM 应用软件，但对 BIM 技术的国内外应用现状、BIM 技术给建筑业带来的价值和影响、BIM 技术在施工行业的应用价值和实施方法、BIM 技术实施应用环境等知识需要有深刻的认识。可以结合企业自身条件和行业发展趋势规划适合企业的 BIM 发展战略。

BIM 模型生产工程师

BIM 工程应用岗位之一，即负责根据项目需求建立相关的 BIM 模型（如场地模型、土建模型、机电模型、钢结构模型、幕墙模型及安全模型等）的人员。

BIM 专业分析工程师

解释1：BIM 工程应用岗位之一，即负责利用 BIM 模型对工程项目的整体质量、效率、成本、安全等关键指标进行分析、模拟、优化，从而对该项目承载体的 BIM 模型进行调整，以实现高效、优质、低价的项目总体实现和交付的人员。

解释2：BIM 专业分析工程师。BIM 专业分析工程师的主要职责是利用 BIM 模型对工程项目整体质量、效率、成本、安全等关键指标进行分析、模拟、优化，提出该项目 BIM 模型的调整意见，从而达到高效、优质和低价的项目总体实现和交付。与模型工程师一样，企业级的 BIM 中心和项目上的 BIM 团队都需要这个岗位。前者主要负责制定数据分析的关键指标和交付标准，后者负责实施项目的业务数据分析。这个岗位需要由业务经验非常丰富的工程师担任，因为他们的分析方法和输出的结果，会直接影响到项目进度、质量、成本等核心问题。

BIM 信息应用工程师

解释1：BIM 工程应用岗位之一，即负责项目 BIM 模型完成各阶段的信息管理及应用工作的人员。

解释2：BIM 信息应用工程师。BIM 信息应用工程师的主要工作是基于 BIM 模型完成不同业务管线的工作。他们主要任职于在实施 BIM 项目上。在实施 BIM 之前，他们需要的数据可能来自于二维图纸、项目管理系统等不同信息源，有了 BIM 应用软件，就要求 BIM 信息应用工程师在 BIM 模型中实时获取相关的施工进度、流水段信息、工作面交接等信息，而负责材料管理的人员则需要从 BIM 模型中提取相应的材料总量等信息。这类 BIM 应用人员是比较容易培养的，他们原本就在各自的业务岗位上担任相应的管理工作，实施 BIM 技术之后，区别就在于他们的业务数据和决策数据来源发生了变化。

BIM 系统管理工程师

BIM 工程应用岗位之一，即负责 BIM 应用系统、数据协同及存储系统、构架库管理系统的日常维护、备份等工作、各系统的人员及权限的设置与维护、各项目环境资源的准备及维护的工作的人员。

BIM 数据维护工程师

BIM 工程应用岗位之一，即负责收集、整理各部门、各项目的构件资源数据及模型、图纸、文档、项目交付数据等进行标准化审核、维护、汇总、提取、以供其他系统应用和使用的人员。

BIM 模型工程师

BIM 模型工程师分为两类：一类任职于企业，直属于 BIM 中心，其职责主要是构建企业级的 BIM 模型规范和标准，包括标准构件库的开发和积累，让各个 BIM 实施项目可以直接使用这些建模规范和标准构件；另一类任职于项目部，其主要职责是建立项目实施过程中需要的各种 BIM 模型，根据项目需求通过 BIM 建模提供相应的模型数据和信息。由于建筑的专业性要求，通常每个建筑专业需要配备至少 1 名模型工程师，也可以依据项目的特点而定。针对一些大型项目，每个专业甚至可能需要 2~3 名模型工程师才能满足项目进度。但无论如何，土建、结构和机电专业的模型工程师是必不可少的，至于幕墙、精装等专业的建模，则视项目的具体需求而定。无论哪个专业的模型工程师，都需要对相应的专业设计规范和要求非常熟悉。初期他们可以通过各专业的设计软件供应商所提供的培训来迅速提升 BIM 建模能力。

BIM 执行计划

英文名称"BIM project execution plan"，简称为 BEP，规定在一个具体项目中如何实施 BIM，是项目团队的集体决策，并且经业主批准。《BIM 执行计划》不是合同文件，而是合同的工作成果。

BIM 构建（组件）库

英文名称"BIM component library"，Bum 构件（组件）库是指在 BIM 实施过程中开发、积累并经过加工处理，形成可重复利用的构件（组件）的集合。

BIM 八个特点

真正的 BIM 符合以下八个特点：
1. 可视化（Visualization）

可视化即"所见所得"的形式，对于建筑行业来说，可视化的真正运用在建筑业的作用是非常大的，例如经常拿到的施工图纸，只是各个构件的信息在图纸上的采用线条绘制表达，但是其真正的构造形式就需要建筑业参与人员去自行想象了。对于一般简单的东西来说，这种想象也未尝不可，但是近几年建筑业的建筑形式各异，复杂造型在不断地推出，那么这种光靠人脑去想象的东西就未免有点不太现实了。所以 BIM 提供了可视化的思路，让人们将以往的线条式的构件形成一种三维的立体实物图形展示在人们的面前；建筑业也有设计方面出效果图的事情，但是这种效果图是分包给专业的效果图制作团队进行识读、设计制作出的线条式信息制作出来的，并不是通过构件的信息自动生成的，缺少了同构件之间的互动性和反馈性，然而 BIM 提到的可视化是一种能够同构件之间形成互动性和反馈性的可视。在 BIM 建筑信息模型中，由于整个过程都是可视化的，所以可视化的结果不仅可以用来效果图的展示及报表的生成，更重要的是，项目设计、建造、运营过程中的沟通、讨论、决策都在可视化的状态下进行。

2. 协调性（Coordination）

这个方面是建筑业中的重点内容，不管是施工单位还是业主及设计单位，无不在做着协调及相配合的工作。一旦项目的实施过程中遇到了问题，就要将各有关人士组织起来开协调会，找各施工问题发生的原因，及解决办法，然后出变更，做相应补救措施等进行问题的解决。那么这个问题的协调真的就只能出现问题后再进行协调吗？在设计时，往往由于各专业设计师之间的沟通不到位，而出现各种专业之间的碰撞问题，例如暖通等专业中的管道在进行布置时，由于施工图纸是各自绘制在各自的施工图纸上的，真正施工过程中，可能在布置管线时正好在此处有结构设计的梁等构件在此妨碍着管线的布置，这种就是施工中常遇到的碰撞问题。像这样的碰撞问题的协调解决就只能在问题出现之后再进行解决吗？BIM 的协调性服务就可以帮助处理这种问题，也就是说 BIM 建筑信息模型可在建筑物建造前期对各专业的碰撞问题进行协调，生成协调数据，提供出来。当然 BIM 的协调作用也并不是只能解决各专业间的碰撞问题，它还可以解决例如电梯井布置与其他设计布置及净空要求之协调，防火分区与其他设计布置之协调，地下排水布置与其他设计布置之协调等。

3. 模拟性（Simulation）

模拟性并不是只能模拟设计出的建筑物模型，还可以模拟不能够在真实世界中进行操作的事物。在设计阶段，BIM 可以对设计上需要进行模拟的一些东西进行模拟实验，例如：节能模拟、紧急疏散模拟、日照模拟、热能传导模拟等；在招投标和施工阶段可以进行 4D 模拟（三维模型加项目的发展时间），也就是根据施工的组织设计模拟实际施工，从而来确定合理的施工方案来指导施工。同时还可以进行 5D 模拟（基于 3D 模型的造价控制），从而来实现成本控制；后期运营阶段可以模拟日常紧急情况的处理方式的模拟，例如地震人员逃生模拟及消防人员疏散模拟等。

4. 优化性

事实上整个设计、施工、运营的过程就是一个不断优化的过程。当然优化和 BIM 也不存在实质性的必然联系，但在 BIM 的基础上可以做更好的优化、更好地做优化。优化受三样东西的制约：信息、复杂程度和时间。没有准确的信息做不出合理的优化结果，BIM 模型提供了建筑物的实际存在的信息，包括几何信息、物理信息、规则信息，还提供了建筑物变化以后的实际存在。复杂程度高到一定程度，参与人员本身的能力无法掌握所有的信息，必须借助一定的科学技术和设备的帮助。现代建筑物的复杂程度大多超过参与人员本身的能力极限，BIM 及与其配套的各种优化工具提供了对复杂项目进行优化的可能。基于 BIM 的优化可以做下面的工作：

（1）项目方案优化：把项目设计和投资回报分析结合起来，设计变化对投资回报的影响可以实时计算出来；这样业主对设计方案的选择就不会主要停留在对形状的评价上，而更多的可以使得业主知道哪种项目设计方案更有利于自身的需求。

（2）特殊项目的设计优化：例如裙楼、幕墙、屋顶、大空间到处可以看到异型设计，这些内容看起来占整个建筑的比例不大，但是占投资和工作量的比例和前者相比却往往要大得多，而且通常也是施工难度比较大和施工问题比较多的地方，对这些内容的设计施工方案进行优化，可以带来显著的工期和造价改进。

5. 可出图性

BIM 并不是为了出大家日常多见的建筑设计院所出的建筑设

计图纸，及一些构件加工的图纸，而是通过对建筑物进行了可视化展示、协调、模拟、优化以后，可以帮助业主出如下图纸：

（1）综合管线图（经过碰撞检查和设计修改，消除了相应错误以后）；

（2）综合结构留洞图（预埋套管图）；

（3）碰撞检查侦错报告和建议改进方案。

6. 一体化性

基于 BIM 技术可进行从设计到施工再到运营贯穿了工程项目的全生命周期的一体化管理。BIM 的技术核心是一个由计算机三维模型所形成的数据库，不仅包含了建筑的设计信息，而且可以容纳从设计到建成使用，甚至是使用周期终结的全过程信息。

7. 参数化性

参数化建模指的是通过参数而不是数字建立和分析模型，简单地改变模型中的参数值就能建立和分析新的模型；BIM 中图元以构件的形式出现，这些构件之间的不同，是通过参数的调整反映出来的，参数保存了图元作为数字化建筑构件的所有信息。

8. 信息完备性

信息完备性体现在 BIM 技术可对工程对象进行 3D 几何信息和拓扑关系的描述，以及完整的工程信息描述。

BIM 来源

1975 年，"BIM 之父"——乔治亚理工大学的 Chuck Eastman 教授创建了 BIM 理念至今，BIM 技术的研究经历了三大阶段：萌芽阶段、产生阶段和发展阶段。BIM 理念的启蒙，受到了 1973 年全球石油危机的影响，美国全行业需要考虑提高行业效益的问题，1975 年"BIM 之父"Eastman 教授在其研究的课题"Building Description System"中提出"a computer-based description of a building"，以便于实现建筑工程的可视化和量化分析，提高工程建设效率。

BIM 网（BIMW. CN）

BIM 专业网站之一。

BIM 改变建筑业

《BIM 改变建筑业》，杨宝明著，中国建筑出版社出版，2017年1月第一版。本书结合国内外建筑业的特点、形势，对 BIM 技术在建筑行业的应用进行了探讨，剖析 BIM 应用价值、应用策略、技术投入和发展困境的解决方法，提出 BIM 改变建筑业转型升级新思维。

BIM 建模

BIM 建模就是用 BIM 软件来设计建立建筑模型。

BIM 应用

基于 BIM 模型，对模型信息采集、存储、分析、交换及集成等工作，如工程量统计、性能分析、图纸文档生成等。

BIM 交付物

合同或协议约定的，须提交给另一方的信息，包括 BIM 模型、图纸、文档、视频等。

BIM 概念设计软件

BIM 概念设计软件用在设计初期，是在充分理解业主设计任务书和分析业主的具体要求及方案意图的基础上，将业主设计任务书里面基于数字的项目要求转化成基于几何形体的建筑方案，此方案用于业主和设计师之间的沟通和方案研究论证。论证后的成果可以转换到 BIM 核心建模软件里面进行设计深化，并继续验证所设计的方案能否满足业主的要求。目前主要的 BIM 概念软件有 SketchUp Pro 和 Affinity 等。

BIM 线性计划

BIM 线性计划技术是利用对 BIM 模型的分解形成计划任务，同时依据 BIM 模型工程量和生产工效数据库作为计划的有效数据支撑，利用 BIM 模型来编排计划。通过线性计划的形式，将进度在时间与空间同时展示。

BIM 技术扩散

技术扩散是技术创新过程的一个后续子过程。技术扩散是技术创新通过一定渠道在潜在使用者之间传播、采用的过程。一个完整的技术扩散系统由扩散主体、扩散渠道、技术采纳者三部分组成，三者缺一不可。一般来讲，技术的扩散主体是提供 BIM 技术的企业，但这样的划分不够全面，它也可以是科研机构、政府部门以及有关的扩散中介机构等。对提供 BIM 技术的企业来说，其扩散的目的在于占领市场份额和实现企业最大利润。对科研机构来说，其扩散的目的在于回收投入到技术创新中的资金和实现一定利润。扩散渠道是指通过一定的方法使技术的采纳者获得该技术的有关信息，并判断该技术的采纳是否会给采纳者本人或企业带来一定利润或提高劳动生产率，从而实现 BIM 技术的应用。主要包括大众媒体和人际交流两大类。采纳者通常是指以盈利为目标的、从事建设工程项目策划、招标、设计、施工、运营的建筑企业。

BIM 智慧管廊

BIM 智慧管廊是在采用 BIM 信息管坯平台的管廊。与传统信息管理平台相比，BIM 信息管理平台的特点和优势十分明显。如可视化程度高、可实现动画漫游、信息关联度高、提取容易、方便管廊运维管理、帮助进行应急管理、提高管廊安全。

BIM 放样机器人

BIM 放样机器人是一种能代替人进行自动搜索、跟踪、辨识和精确找准目标并获取角度、举例、三维坐标以及影像等信息的智能型电子全站仪。这种全站仪是现代多项高端技术集成应用于测量仪器产品的杰出代表。BIM 放样机器人通过 CCD 影像传感器和其他传感器对现实测量世界中的目标点进行识别，能够迅速做出分析、判断和推理，实现自我控制，并自动完成对准、读取等操作，以完全代替人的手工操作。BIM 放样机器人同时可以与制定测量计划、控制测量过程、进行测量数据处理与分动箱的软件系统相结合，足以代替人完成测量任务。

gbXML

gbXML（green building XML）是为了传递围护结构信息（比如墙体）来为初期的能量分析以及空间和设备模拟开发而形成的模式。需要说明的是，空间（space）的概念在进行能量分析时是非常重要的，所以在基于 BIM 的软件中要准确地定义好建筑的各个空间组成。一般基于 BIM 的能量分析软件都会支持 gbXML。gbXML 详细描述单体建筑或建筑群，便于能量和资源分析。这些分析结果用于鉴定建筑的环保特性或操作成本、产生的污染、能量消耗和健康问题。gbXML 允许三维 CAD 程序与建筑分析程序的数据集成。

Data Exchange Specification

Data Exchange Specification 即数据交换规范。不同 BIM 应用软件之间数据文件交换的一种电子文件格式的规范，从而提高相互间的可操作性。

DDS

国外 BIM 相关软件之一，生产厂商为 Data Design System。用于电气，暖通工程，协同的 BIM 软件。

Digital Project

国外 BIM 相关软件之一，生产厂商为 Gehry Technologies。是标记，导航，协同和发布的 BIM 软件。

Dprofiler

国外 BIM 相关软件之一，生产厂商为 Beck Technologies。是用于成本预算和能量分析的 BIM 软件。

Digital Project

Digital Project 是 Gery Technology 公司在 CATIA 基础上开发的一个面向工程建设行业的应用软件（二次开发软件）。它能够设计任何几何造型的模型，且支持导入特制的复杂参数模型构件，如支持基于规则的设计复核的 Knowledge Expert 构件；根据所需功能要求优化参数设计的 Proiect Engineering Optimizer 构件；跟踪管理模型的 Project Manager 构件。另外，Digital Project 软件支持强大的应用程序接口；对于建立了本国建筑业建设工程项目编码体系的许多发达国家，如美国、加拿大等，可以将建设工程项目编码如美国所采用的 Unilormat 和 Ydlasterfornlat 体系导入 Digital Project 软件，以方便工程预算。

DEM

数字高程模型 digital elevation model 的缩略词。

几何信息 geometric information

解释1：反映信息模型内外空间中的形状、大小及位置的信息统称。

解释2：英文名称"Geometric information"简写为 GI，几何信息是建筑模型内部和外部空间结构的几何表示。

解释3：表示建筑物或构件的空间位置及自身形状（如长、宽、高等）的一组参数，通常还包含构件之间相互约束关系，如相连、平行、垂直等。

DW

DW 是电脑辅助设计软件 AutoCAD 以及基于 AutoCAD 的软件保存设计数据所用的一种专有文件格式。某点沿铅垂线方向到绝对基面的距离，称绝对高程，简称高程。某点沿铅垂线方向到某假定水准基面的距离，称假定高程。依据以上解析，导入生成场地的 DWG 文件必须要有高程才行。

DWG 标准

DWG 是通用格式，是 AutoCAD 创立的一种图纸保存格式，已经成为二维 CAD 的标准格式，很多其他 CAD 为了兼容 AutoCAD，也直接使用 DWG 作为默认工作文件。

PAS 1192

PAS 1192 即使用建筑信息模型设置信息管理运营阶段的规范。该纲要规定了 level of model（图形信息）、model information（非图形内容，比如具体的数据）、model definition（模型的意义）和模型信息交换（model infrmation exchanges）。PAS 1192-2 提出 BIM 实施计划（BEP）是为了管理项目的交付过程，有效地将 BIM 引入项目交付流程对项目团队在项目早期发展 BIM 实施计划很重要。它概述了全局视角和实施细节，帮助项目团队贯穿项目实践。它经常在项目启动时被定义并当新项目成员被委派时调节他们的参与。

P-BIM

基于工程实践的建筑信息模型应用方式 prac-tice-based BIM mode。

PMI

国际上的两大项目管理体系之一，即以美国为首的体系——美国项目管理协会。

Project Wise Navigator

Project Wise Navigator 软件是 Bentley 公司于 2007 年发布的施工类 BIM 软件。Navigator 为管理者和项目组成员提供了协同工作的平台，他们可以在不修改原始设计模型的情况下，添加自己的注释和标注信息。Navigator 是一个桌面应用软件，它可以让用户可视化和交互式地浏览那些大型、复杂的智能 3D 模型。用户可以很容易并快速地看到设计人员提供的设备布置、维修通道，以及其他关键的设计数据。Navigator 的功能还包括碰撞检查，能够让项目建设人员在施工前进行虚拟施工，尽早发现实际施工过程中的不当之处，可以降低施工成本，避免重复劳动和优化施工进度。

Project Wise

Bentley ProjectWise 为工程项目内容的管理提供了一个集成的协同环境。

WIP

英文名称"Work In Progress"简写为 WIP，指进行中的工作，正在构建中的内容，这些内容未经过审核和验证，不适合在设计小组之外使用。

Navisworks Manage

Navisworks Manage 软件是 Autodesk 公司开发的用于施工模拟、工程项目整体分析以及信息交流的智能软件。其具体的功能包括模拟与优化施工进度、识别和协调冲突与碰撞、使项目参与方有效地沟通与协作，以及在施工前发现潜在的问题。Navisworks Manage 软件与 Microsoft Project 具有互用行，Microsoft Project 软件环境下创建的施工进度可以被导入到 Navisworks Manage 软件中，再将每项计划工序与 3D 模型的每一个构件——关联，轻松实现施工模拟过程。

二维绘图软件

从 BIM 技术发展前景来看,二维施工图应该只是 BIM 模型其中的一个表现形式或一个输出功能而已,不再需有专门二维绘图软件与之配合。但是国内目前情形下,施工图仍然是工程建设行业设计、施工及运营所依据的具有法律效应的文件,而 BIM 软件的直接输出结果,还不能满足现实对于施工图的要求,故二维绘图软件仍是目前不可或缺的施工图生产工具。在国内市场较有影响的二维绘图软件平台主要有 Autodesk 的 AutoCAD、Bentley 的 Microstation。

二维视图法

二维视图法是施工设计模型进行检查方法之一。对关键部位的细部节点进行处理,生成平面图、立面图、剖面图、轴测图、透视图等,仔细判断相交关系是否具有一致性。

二维码

二维码是用某种特定的几何图形,按一定规律在平面(二维方向)分布,通过黑白相间的图形记录数据。二维码是一种能让计算机识别的快速反应码,其内容设置根据使用特性的不同而有所区别,在不同的使用情况下,需对二维码赋予不同的信息构成。

人防工程信息模型 civil air defence works BIM

人防工程全寿命期项目或其组成部分的物理特征、功能特性及管理要素等共享信息应用的数字化表达,简称模型。

人工环境

人工环境,即虚拟现实(Vrtual Reality)。是利用计算机模拟产生三维空间的虚拟世界,提供给用户关于视觉、听觉、触觉等感官的模拟,让用户身临其境一般,可以及时、没有限制地观察三维空间内的事物。用户进行位置移动式，计算机可以立即进行复杂的运算，将精确的三维世界视频传回产生临场感。该技术继承了计算机图形、计算机仿真、人工智能、感应、显示及网络并行处理等技术的最新发展成果，是一种由计算机辅助生成的高技术模拟系统。

ret 格式

项目样板文件格式。包含项目单位、标注样式、文字样式、线型、线宽、线样式、导入/导出设置等内容。为规范设计和避免重复设置，对 Revit 自带的项目样板文件，根据用户自身需要，内部标准设置，保存成项目样板文件，便于用户重建项目文件时选用。

rft 格式

可再入族的样板文件格式。创建不同类别的族要选择不同的样板文件。

rvt 格式

项目文件格式。包含项目所有的建筑模型、注释、视图、图纸等项目内容。通常基于项目样板文件（.rte）创建项目文件，编辑完成后保存为 rvt 文件，作为设计使用的项目文件。

rfa 格式

用户可以根据项目需要创建自己的常用族文件，以便随时在项目中调用。

XML

前面已经提到两种在世界范围内公开的和被国际 ISO 组织承认的数据交换标准 IFC 和 CIS/2，然而还有一些别的方法可以用来交换数据，其中一个重要方法就是利用 XML 语言。XML（Extensible Markup Language）中翻译为"可扩展标记语言"，是一种计算机语言,在不用人工干预的情形下,允许软件程序交换信息。通过这种方法,建筑师可以集中精力设计美观、环保的建筑,这些建筑采用智能技术用最低成本来满足客户的需要。XML允许定义一些用户感兴趣的数据结构,这个结构就叫做模式(schema)。不同的 XML 模式支持在各种应用软件之间进行各种不同的数据交换,一些特定的 XML 模式在进行少量的和某些特定的数据交换中非常有优势。这样在一些小的项目或者特定的项目中需要数据交换的时候,我们只需要定义这些领域所需要的 XML 模式,就可以利用这些特殊用途的 XML 来实现数据的记录和交换。

Tekla

钢结构详图设计软件,它是通过首先创建三维模型以后,自动生成钢结构详图和各种报表。

3 画

Affinity

国外 BIM 相关软件之一,生产厂商为 Trelligence Inc。具有空间规划和概念设计主要功能的 BIM 软件。

Allplan Architecure

国外 BIM 相关软件之一,生产厂商为 Nemetschek。是面向对象的三维设计的 BIM 软件。

Allplan Engineering

国外 BIM 相关软件之一,生产厂商为 Nemetschek。是面向对象的三维结构设计的 BIM 软件。

Allplan Cost Management

国外 BIM 相关软件之一，生产厂商为 Nemetschek。是用于成本规划的 BIM 软件。

Allplan Facility Management

国外 BIM 相关软件之一，生产厂商为 Nemetschek。是用于设施管理的 BIM 软件。

ArchiCAD

国外 BIM 相关软件之一，生产厂商为 GRAPHISOFT。是面向对象方法，建筑建模，成本预算，能耗分析的 BIM 软件。

ArchiFM

国外 BIM 相关软件之一，生产厂商为 Vintocon/FRAPHISOFT。是面向对象方法，基于 BIM 的设施维护建模的 BIM 软件。

ArchiCAD 施工图技术

作者：杨远丰　编著
出版社：中国建筑工业出版社
出版时间：2012-4-1

可分为两部分，第一部分为 ArchiCAD 概览，从总体上介绍了 ArchiCAD 的特点及基础设置，其中重点是介绍 AutoCAD 与 ArchiCAD 的区别以及一些对应的操作；另一个重点是 ArchiCAD 的特色工具。第二部分为具体的 ArchiCAD 施工图操作，以一个简单的办公楼为实例，串起各章内容，再针对具体的内容，在实例之外作出延伸，补充必要的技术要点。这部分的重点则是模型的图面表达、视图与图档设置，以及与 dwg 格式的互导。

AutoCAD

AutoCAD 是 Autodesk 公司开发的通用计算机辅助绘图和设计

软件。具有简单易学、使用方便、体系结构开放等优点，被广泛应用于机械、建筑、电子、航天、造船、石油化工、土木工程、冶金、气象、纺织、轻工等领域。

AutoCAD2009 中文版从入门到精通

《AutoCAD2009 中文版从入门到精通》是一本帮助 AutoCAD 用户实现入门、提高到精通的学习宝典，全书采用"基础+手册+实例"的结构。通过学习，可以完全掌握 AutoCAD 2009 及使用 AutoCAD 2009 进行建筑绘图、机械绘图、室内装潢绘图和园林绘图的方法和技巧。

Autodesk Revit Architecture

用于建筑信息模型的 Revit Architecture 平台是建筑设计和文档系统，它支持建筑项目所需的设计、图纸以及明细表。建筑信息模型（BIM）提供了用户需要的有关项目设计、范围、数量和阶段等信息。在 Revit Architecture 模型中，所有的图纸、二维视图和三维视图以及明细表都是同一个基本建筑模型数据库的信息表现形式。在图纸视图和明细表视图中操作时，Revit Architecture 将收集有关建筑项目的信息，并在项目的其他所有表现形式中协调该信息。Revit Architecture 参数化修改引擎可自动协调在任何位置（模型视图、图纸、明细表、剖面和平面中）进行的修改。

Autodesk Revit MEP

用于建筑信息模型的 Revit MEP 平台是建筑设计和文档系统，它支持建筑项目所需的设计、图纸以及明细表。建筑信息模型（BIM）提供了用户需要的有关项目设计、范围、数量和阶段等信息。在 Revit MEP 模型中，所有的图纸、二维视图和三维视图以及明细表都是同一个基本建筑模型数据库的信息表现形式。在图纸视图和明细表视图中操作时，Revit MEP 将收集有关建筑项目的信息，并在项目的其他所有表现形式中协调该信息。Revit MEP 参数化修改引擎可自动协调在任何位置（模型视图、图纸、明细表、剖面和平面中）进行的修改。

Affinity

概念设计软件之一。Affinity 是一款注重建筑程序和原理图设计的 3D 设计软件，在设计初期通过 BIM 技术，将时间和空间相结合的设计理念融入建筑方案的每一个设计阶段中，结合精确的 2D 绘图和灵活的 3D 模型技术，创建出令业主满意的建筑方案。

EagkePoint suite

国外 BIM 相关软件之一，生产厂商为 EaglePoint。是用于成本估算、工作流管理、概念设计、数据分析的 BIM 软件。

Ecotect

国外 BIM 相关软件之一，生产厂商为 Autodesk。用于可持续建筑设计及分析工具的 BIM 软件。

EnergyPlus

国外 BIM 相关软件之一，生产厂商为 U. S. Department of Energy。是用于建筑能量模拟的 BIM 软件。

ETABS

国外 BIM 相关软件之一，生产厂商为 Computers and Structures Inc。是用于完全集成化的建筑结构分析与设计的 BIM 软件。

EaBIM

BIM 专业网站之一。EaBIM，中国最大的、最活跃的、最专业的、最高端的 BIM（建筑信息模型）门户网，BIM 综合性技术服务平台。

Envisioneer 官网

BIM 专业网站之一。Envisioneer 是由加拿大 Cadsoft 公司开发的一款针对建筑师、室内设计师、材料销售商的一款软件。

EPC 工程总承包

EPC 工程总承包（Engineering Proeurement Construction）是指工程总承包企业按照合同约定，承担工程项目的设计、采购、施工、试运行服务等工作，并对承包工程的质量、安全、工期、造价全面负责，它是以实现"项目功能"为最终目标，是我国目前推行总承包模式最主要的一种。

Navisworks

国外 BIM 相关软件之一，生产厂商为 Autidesk。用于项目协作、协调和沟通。

Newforma Project Cneter

国外 BIM 相关软件之一，生产厂商为 Newforma Inc。主要用于项目管理，BIM/CAD 设计审核。

Fastrak

国外 BIM 相关软件之一，生产厂商为 Civil and Structural Cimputing Ltd。可用于钢结构设计。

Field BIM（Suite）

国外 BIM 相关软件之一，生产厂商为 VELA Systems。用于施工现场 BIM。

Federated mode

Federated mode 即联邦模式。本质上这是一个合并了的建筑信息模型，将不同的模型合并成一个模型，是多方合作的结果。

Rstar CAD

国内 BIM 软件之一，生产厂商为北京东经天元软件科技有限公司。是实现 Revit 和 PKPM 软件间的数据转换的 BIM 软件。

Revit Architecture

国外 BIM 相关软件之一，生产厂商为 Autodesk Inc。主要用于建筑设计和建模。

Revit MEP

国外 BIM 相关软件之一，生产厂商为 Autodesk Inc。软件主要功能：设备、电气和给排水设计与建模。

Revit Structure

解释 1：国外 BIM 相关软件之一，生产厂商为 Autodesk Inc。软件主要功能：结构设计和制图。

解释 2：用于建筑信息模型的 Revit Structure 平台是建筑设计和文档系统，它支持建筑项目所需的设计、图纸以及明细表。建筑信息模型（BIM）提供了用户需要的有关项目设计、范围、数量和阶段等信息。在 Revit Structure 模型中，所有的图纸、二维视图和三维视图以及明细表都是同一个基本建筑模型数据库的信息表现形式。在图纸视图和明细表视图中操作时，Revit Structure 将收集有关建筑项目的信息，并在项目的其他所有表现形式中协调该信息。Revit Structure 参数化修改引擎可自动协调在任何位置（模型视图、图纸、明细表、剖面和平面中）进行的修改。

Revit 系列软件

该软件是由全球领先的数字化设计软件供应商 Autodesk 公司，针对建筑设计行业开发的三维参数化设计软件平台。

Revit

解释 1：Revit 是专为建筑行业开发的模型和信息管理平台，它支持建筑项目所需的模型、设计、图纸和明细表，并可以在模型中记录材料的数量、施工阶段、造价等工程信息。在 Revit 项目中，所有的图纸、二维视图和三维视图以及明细表都是同一个基本建筑模型数据库的信息表达形式。Revit 的参数化修改引擎可自动协调在任何位置（模型视图、图纸、明细表、剖面和平面中）进行的修改。

解释2：Autodesk 公司的 Revit 是运用不同的代码库及文件结构区别于 AutoCAD 的独立软件平台。Revit 采用全面创新的 BIM 概念，可进行自由形状建模和参数化设计，并且还能够对早期设计进行分析。借助这些功能可以自由绘制草图，快速创建三维形状，交互地处理各个形状。可以利用内置的工具进行复杂形状的概念澄清，为建造和施工准备模型。随着设计的持续推进，软件能够围绕最复杂的形状自动构建参数化框架，提供更高的创建控制能力、精确性和灵活性。从概念模型到施工文档的整个设计流程都在一个直观环境中完成。并且该软件还包含了绿色建筑可扩展标记语言模式（LJreen Building Xhdl. 即 gbXMI），为能耗模拟、荷载分析等提供了工程分析工具，并且与结构分析软件 RO—OT、RISA 等具有互用性。与此同时，Resit 还能利用其他概念设计软件、建模软件（如 Sketch-up）等导出的 DXF 文件格式的模型或图纸输出为 BIM 模型。

解释3：Revit，Autodesk 公司一套系列软件的名称。Revit 系列软件是为建筑信息模型（BIM）构建的，可帮助建筑设计师设计、建造和维护质量更好、能效更高的建筑。

RFID 技术

RFID 技术，一种传感器技术。RFID 技术是融合了无线射频技术和嵌入式技术为一体的综合技术。在自动识别、物品物流管理、建筑运维管理中有着广阔的应用前景。

RISA

国外 BIM 相关软件之一，生产厂商为 RISA Technologies。软件主要功能：结构分析。

Revit 2013 电气设计宝典

作者：王子若　著
出版社：清华大学出版社
出版时间：2013-08-01

《Revit2013 电气设计宝典》是首部根据实际工程总结出的 AutodeskRevit 应用于所有建筑电气工程类型的权威用书。涵盖了从方案到施工图乃至设计变更等一整套软件使用方法，操作步骤具体且实用，并配有大量图片加以讲解。本书以培养工程师快速了解与使用 Revit 为目的，完全按实际工作流程编写，可作为设计的工作手册使用，避免查找所需操作带来的时间浪费。

《Revit2013 电气设计宝典》分为三部分。第 1 章为第一部分，阐述对软件的初步认识与基础操作。第 2~6 章为第二部分，阐述具体使用 Revit 完成设计工作的方法。第 7、8 两章为第三部分，介绍作者在实际工程中总结出的常见问题及心得体会。本书提供施工图深度实例 Revit 模型和大量精致族文件，资源请到清华大学出版社网站下载。

《Revit2013 电气设计宝典》适用于从事建筑电气行业的所有人员，包括设计师、工程师、地产开发商、施工、监理、物业、软件开发商、未来从事本行业工作的学生以及 BIM 爱好者。本书提供了大量实际操作指引及经验总结，有助于读者快速上手，提高工作效率。

该书存在以下特点：

1. 该书按照设计师的工作习惯编写，设计师按照目录使用该书即可完成项目，无需按目录查找。

2. 书中具体操作步骤配有大量图片，由浅入深，易于理解。

3. 该书根据已完成的实际项目编写，书中内容的可操作性有所保证。

RMSE

均方根差（中误差）root mean square error 的缩略词。

Recit 系列

Revit Architecture 专为 BIM 而设计的 Revit Architecture 能够帮助设计师捕捉和分析早期设计构思,并能够从设计、文档到施工的整个流程中更精确地保持设计理念。利用包含丰富信息的模型来支持可持续性设计、施工规划与构造设计,帮助设计师做出更加明智的决策,自动更新功能可以确保设计与文档的一致性与可靠性。Revit Architecture 可以帮助设计师促进可持续设计分析,自动交付协调、一致的文档,加创意设计进程,进而获得强大的竞争优势。设计师可以根据自身进度借助 Revit Architecture 迁移至 BIM,同时可以继续使用 AutoCAD 或 AutoCAD Architecture。

Revit Structure

Revit Structure 是专为结构工程公司定制的 BIM 解决方案,拥有结构设计与分析的强大工具。Revit Structure 将多材质的物理模型与独立、可编辑的分析模型进行了集成,可实现高效的结构分析,并为常用的结构分析软件提供了双向链接。它可以帮助工程师在施工前对建筑结构进行更精确的可视化,从而在设计阶段的早期制订更加明智的决策。Revit Structure 为工程师提供了 BIM 所拥有的优势,可帮助他们提高编制结构设计文档的多专业协调能力,最大限度地减少错误,并能够加强工程团队与建筑团队之间的合作。

Revit MEP

Revit MEP 它是面向机电管道的建筑信息模型设计和制图软件,其中 MEP 是 Mechanical、Electeical、Plumbing 的缩写,即机电、电气、管道三个专业的英文首字母的缩写。Revit MEP 是一款能够按照工程师的思维方式进行工作的智能设计工具,它通过数据驱动的系统建模和设计来优化建筑机电与管道,可以最大限度地减少设备专业设计团队之间,以及与建筑师和结构工程师之间的协调错误。此外,它还能为工程师提供更好的决策参考和建筑性能分析，促进可持续性设计。

RVT

它是用于形容那些以三维图形为主、面向对象、建筑学有关的电脑辅助设计。

三维激光扫描 3Dlaser scanning survey

利用专业激光扫描仪，对被测目标进行快速扫描得到大量点云数据，通过后期软件处理，获得目标在给定坐标系下的三维坐标，并可生成各种图形和数字模型的技术。

三维建（构）筑模型 3D building model

三维建（构）筑模型的主体，由几何数据、纹理（材质）数据和属性数据组成。

三维激光扫描仪

三维激光扫描仪是利用激光测距的原理，通过记录被测物体表面大量的密集点的三维坐标、反射率和纹理等信息，可快速复建出被测目标的三维模型及线、面、体等各种图件数据。由于三维激光扫描仪系统可以密集地大量获取目标对象的数据点，因此，相对于传统的单点测量，三维激光扫描仪技术也被称为从单点测量进化到面测量的革命性技术突破。该技术在文物古迹保护、建筑、规划、土木工程、工厂改造、室内设计、建筑检测、交通事故处理、法律证据收集、灾害评估、船舶设计、数字城市、军事分析等领域也有很多的探索与尝试。

三维打印机

三维立体打印机，也称三维打印机（3D Printer，简称 3DP）是快速成型（Rapid Prototyping，RP）的一种工艺。采用层层堆积的方式分层制作出三维模型。其运行过程类似于传统打印机，只不过传统打印机是把墨水打印到纸质上形成二维的平面图纸，而三维打印机是把液态光敏树脂材料、熔融的塑料丝、石膏粉等材料通过喷射粘结剂或挤出等方式实现层层堆积叠加形成三维实体。

三控三管一协调

三控三管一协调是一种工程建设中建筑主体各方的工作，建筑、房地产以及建设监理的基础工作大致就分别包括"三控""三管""一协调"的主要内容。"三控"即工程进度控制、工程质量控制、工程投资（成本）控制。"三管"即合同管理、职业健康安全与环境管理、信息管理。"一协调"指全面地组织协调（协调的范围分为内部的协调和外部的协调）。

三维视图法

对施工图设计模型进行检查方法之一。通过三维视图直观感受设计意图，是否需要设计方案进行调整。

广联达模型检查产品 GMC

国内 BIM 相关软件之一，广联达软件股份有限公司生产。是基于三维模型的自动碰撞检查、管线综合的 BIM 软件。

广联达算量系列产品

国内 BIM 相关软件之一，广联达软件股份有限公司生产。主要功能为参数化建模方法，成本预算的 BIM 软件。

广联达 BIM5D

基于 BIM 的项目管理工具。以 BIM 平台为核心，集成土建、机电、钢构、幕墙等各专业模型，并以集成模型为载体，关联施工过程中的进度、合同、成本、质量、安全、图纸、物料等信息，利用 BIM 模型的形象直观、可计算分析的特性，为项目的进度、成本管控、物料管理等提供数据支撑，协助管理人员有效决策和精细管理，从而达到减少施工变更、缩短工期、控制成本、提升质量的目的。

工作集

英文名称"Worksets",是通过一个"中心"档案和多个同步的"本地端"副本,同时处理一个模型档案的共享方法。

工程建设项目阶段 building construction project phase

工程项目建设过程中根据一定的标准划分的段落。

条文说明:在对本项目阶段编码划分过程中,首要参考了现阶段国内建筑流程阶段划分及相关标准,另外也结合了 BIM 对现阶段及未来建筑行业中建筑各流程发展趋势的影响。由于团队与企业间整合与协作的逐步深入,原来单一的单线式建筑流程被逐步整合的建筑团队在共享的信息平台上完成。设计与施工阶段开始相互融合,制造业与 IT 产业也在加速融入,原有的设计与施工中各个环节的界限在整合的背景下变得模糊。此外,借助于 BIM 配套软件的应用于相互兼容,在强大的计算辅助下,项目实施前的准备活动可以更高水平铺开并为以后的工作完成作更深层次的前期分析。在项目后期的运营维护阶段,BIM 依然能继续发挥效能,指导并辅助工程师参与建筑的设备保养与维护。因此,本编码标准共列了三个一级类目:(1)项目前期阶段:主要包含业主、政府通过大致概念化的模型化的信息、政策分析、城市协调、经济等角度考量建筑项目的实施可行性;(2)项目实施阶段:BIM 的改革不仅使建筑下游的施工方工作提前,也通过 BIM 数据库的方式建立针对不同专业的协作与沟通平台,因此项目实施阶段中包含了完整的建筑项目由概念化直至项目实体交付的流程;(3)项目后期管理阶段:此阶段指建筑项目在交付后使用期间所需要的任务工作。

工程建设信息化

在工程的规划、勘察、设计、施工、设备安装、运营维护等阶段,以及相关的政府监管、企业管理和中介服务等环节,利用信息技术、推动工程全生命周期管理,提升工程建设技术与管理水平活动。

工程建设地理信息系统 geographic information system for engineering construction

工程建设领域采集、传输、处理、存储管理、查询检索、分析和表达地理信息，以实现对建设工程的辅助设计、管理、辅助决策和预测为主要目标的技术系统。

工程造价咨询 construction cost consultation

工程造价咨询企业接受委托方的委托，运用工程造价的专业技能，为建设项目决策、设计、发承包、实施、竣工等各个阶段工程计价和工程造价管理提供的服务。

工程造价咨询成果文件 project cost consultancy document deliverables

工程造价咨询企业承担工程造价咨询业务时，为委托方出具的，反映各阶段工程造价确定与控制等成果以及管理要求的文件。

工程量自动计算

BIM模型作为一个富含工程信息的数据库，可真实地提供造价管理所需的工程量数据。基于这些数据信息，计算机可快速对各种构件进行统计分析大大减少了繁琐的人工操作和潜在错误，实现了工程量信息与设计文件的统一。通过BIM所获得准确的工程量统计，可用于设计前期的成本估算、方案比选、成本比较，以及开工前预算和竣工后决算。

门牌 door number plate

院落、独立门户的地名标识。

口令 password

当一方能向另一方提交出预先约定的密码时，递交一方的合法性才得以承认。

工作成果 work result

工作成果即在建筑工程施工阶段或建筑建成后的改建、维修、拆除活动中得到的建设成果。

条文说明：工作成果包括特定的技能和交易，所使用的建筑材料、人工、机械等建设资源，该工作成果相应的实体建设成果，及完成该工作成果相应的临时工作或其他准备或已完成工作。工作成果可以是建筑实体的一部分，也可以是非实体的，如脚手架工程、临时道路、场地清理等。

工具 tool

指在工程项目生命周期中使用的软件、设备、物品等。

条文说明：建筑实体全寿命周期相关的进程需要用的资源，用于完成项目的设计和建造，但它们不会成为最终的建筑主体的组成部分。很多参与者使用它们以执行各项服务，如计算机硬件、CAD软件、临时围栏、反铲挖土机、塔式起重机、排水网络设施、磨具锤、轻型卡车、工地活动房等。

大样设计

将所有设计的内容都输入到BIM模型内，进行设计协调，检查碰撞，协调后才从模型输出图纸，确保设计内容不会存在施工问题。设计协调范围广泛，从地下管道到板内钢筋管线布置都有涉及。

大数据

大数据（Big Data）概念是指无法通过常规软件工具在合理的时间范围内进行捕捉、管理和处理的数据集合，是需要新型的处理模式才能从各种各样类型的海量数据中，快速获取有价值的信息。大数据技术的战略意义不在于掌握庞大的数据信息，而在对于这些含有意义的数据进行专业化处理。换言之，如果把大数据比作一种产业,那么这种产业实现盈利的关键,在于提高对数据的"加工能力",通过加工实现数据的"增值"。

大数据需要特殊的技术,以便有效地处理海量的数据和信息。适用于大数据的技术,包括大规模并行处理数据库、数据挖掘技术、分部式文件系统、分布式数据库、云计算平台、互联网和可扩展的存储系统等。

子模型

子模型是相对于整体模型的概念,是整体模型中支持特定应用功能的模型子集。子模型一般面向专业或任务,应包含专业或任务所需的专业模型元素以及形成完备信息模型所需的共享模型元素和资源数据,应具有支持完成专业或任务应用需求的基本信息。IFC 模型结构中,是通过子模型视图来定义和构建子模型的。子模型视图提供了子模型中实体、属性、属性集、关联关系等模型元素的完整定义和应用规范,可针对工程项目全生命期某一个或多个任务需求构建相应的子模型。

风环境模拟

主要采用 CFD(Computational Fluid Dynamics)技术,对建筑周围的风环境进行模拟评价,从而帮助设计师推敲建筑物的体型、布局;并对设计方案进行优化,以达到有效改善建筑物周围的风环境的目的。

4 画

MEP Modeller

国外 BIM 相关软件之一,生产厂商为 GRAPHISOFT Technologies。主要功能为 MEP(机械/电气/管道)建模。

MagiCAD

是高性能的通用程序。可以广泛用于从简单的办公楼、学校,到非常复杂的医院以及工业厂房等各类工程项目的设计、制图和管理中。

中央资源库 central repository

企业或大型项目为相关成员间的协作与信息交互,专门设置用于存放公共 BIM 文件及数据的文件库。

中国 BIM 丛书:设计企业 BIM 实施标准指南

作者:清华大学课题组 BIM 课题组
出版社:中国建筑工业出版社
出版时间:2013-03-01

《中国 BIM 丛书:设计企业 BIM 实施标准指南》从设计企业内多专业、全周期的角度对 BIM 整体应用进行系统性分析研究,以设计企业 BIM 实施标准的建立为目标,逐步形成以 CBIMS 标准框架研究为理论基础、以领域和专业的实施性标准为主要内容的应用标准。

中大网校

中大网校开设会计网校,建筑工程网校,外贸网校,财经网校,英语网校,医药卫生网校,职业资格网校,公务员网校等覆盖8大行业。网校排名十佳,中大网校首页,中大网校唯一官方网站。

中国 BIM 网 (ChinaBIM)

BIM 专业网站之一。一个专业的 BIM 数字化模型生产和发布平台。

中国 BIM 论坛

BIM 专业网站之一。BIM 中国网论坛,最具影响力的中文 BIM 交流社区。

中坚层

利用模型进行信息应用的团队。这个层面的作用是承上启下,将来的教练层都出自这里,中坚层成员将具备一定的建筑工程行业背景,具备一定的"跨越"能力:或跨专业,或跨行业。BIM 咨询团队要具备多样化的技能,必须有跨越建筑工程各个应用阶段的复合人才。

中间翻译互用

中间翻译互用即两个软件之间的信息互用需要依靠一个双方都能识别的中间文件来实现。这种信息互用方式容易引起信息丢失、改变等问题,因此在使用转换以后的信息以前,需要对信息进行校验。例如 DWG 是目前最常用的一种中间文件格式,典型的中间翻译互用方式是设计软件和工程算量软件之间的信息互用,算量软件利用设计软件产生的 DWG 文件中的几何和属性信息,进行算量模型的建立和工程量统计。

中心文件

"中心文件"和"链接文件"是创建模型的两种工作方式,"中心文件"允许多人同时编辑同一模型,而"链接文件"是独享模型,当某个模型被打开编辑时,其他人只能"读"而不能"写"。

比木立方 BIM

BIM 专业网站之一。北京比木立方工程咨询有限公司是以 BIM 实战技术为先导,集 BIM 技术培训、BIM 技术应用、BIM 人才输出、工程项目咨询一体化的一站式服务企业。

分类编码

构件的分类编码是用英文字母、数字、符合等对构件有关属性特征进行描述和标识的规则。

分类代码 classification code

按照城市空间基础数据的内容、性质及使用要求，将具有共同属性或特征的数据归并到一起，并用字符码、数字码或字符数字混合码形成的唯一标识。

分发服务 distribution service

采用信息载体或计算机网络技术向社会或个人提供城市空间基础数据（信息）所进行的工作。

分割表面

通过"分割表面"工具可形成一个分割表面。它是一种附着在形状表面的网格面，不能脱离形状而单独存在。网格的分割可以自定义。

专属信息

除几何信息之外的，用于描述构件模型中与机电专业相关的特有信息的集合。

专业交付信息集合

根据使用需求，从建筑工程信息模型中提取的工程信息的集合。

专业领域 disciplines

指一定科学领域或一门科学的分支。

专业地下管线 professional underground pipeline

对担负某一种功能或用途的地下管线及其附属设施的称谓，如：给水、排水、燃气、热力等地下管线。

专业模型元素

专业模型元素包括建筑、结构、给水排水、暖通、电气、消防、建筑控制、施工管理等专业特有的模型元素和专业信息，以及所引用的相关共享模型元素。专业模型元素可以是专业特有的元素类型，也可以是共享模型元素的扩展和深化。

公共信息环境

英文名称"Gommon Data Environment"简写为 CDE。是一种在项目团队的所有成员之间维持共享信息的方法。

元数据 metadata

说明数据的内容、质量、状况和其他有关特征描述的信息。

元数据元元素

元数据的基本单元。

元数据实体

一组说明数据相同特性的元数据元素。

元素 element

建筑主体中独立或于其它部分结合，满足建筑主体主要功能的部分。

条文说明：来自 JSO 12006-2（2001）每个元素都满足了特定的主要功能，或独立，或于其它元素结合。元素应用的最广泛的时期是项目早期，以确定项目的物理特征、运营特征和美学特征。考虑元素时不与功能的材料、技术解决方案结合。

对于每个元素,都可能有多少技术解决方案能够达到该元素的功能。

无线城市

使用高速无线宽带技术建立的覆盖城市主城区或行政区域的网络系统,可向公众提供随时随地的无线网络接入服务。

历史数据库 historical database

存放已被更新、不同时期的城市空间基础数据的数据库。

比木立方 BIM

中国知名的 BIM 培训机构。北京比木立方工程咨询有限公司是以 BIM 实战技术为先导,集 BIM 技术培训、BIM 技术应用、BIM 人才输出、工程项目咨询一体化的一站式服务企业。

比目鱼网盟

比目鱼网盟,全国范围网吧行业最大的增值联盟,作为搜狗搜索的顶级代理商,致力于为全国网吧提供方便、快捷、稳定、高效的增值服务。比目鱼计算机科技有限公司成立于 2008 年,主要从事互联网信息技术领域内的 Internet 网络服务和网络商业应用,以及 IT 人才培养;并与中文搜索引擎、CSDN 等技术应用企业达成战略合作伙伴关系。

手持设备

BIM 的手持设备一般是指手机、平板电脑等设备,通过 BS 结构的 BIM 展示系统,可以随时随地查看 BIM 模型。

计算机辅助设计 computer-aided design(CAD)

利用计算机技术辅助人工对产品或工程进行设计,从而为设计、绘图、工程分析与文档制作等设计活动提供支持的过程。

云计算

解释1：一种基于互联网的、大众参与的计算模式，其计算资源（计算能力、存储能力、交互能力）是动态、可伸缩且被虚拟化的，以服务的方式提供。

解释2：云（Cloud）计算是当前IT及相关行业研究和应用较多的一项新技术，它为这些行业带来一种廉价和高效的软件应用模式，即服务模式。云计算最早的思想雏形是由著名计算机科学家 John McCarthy 在20世纪60年代提出的，他提出"云计算迟早有一天会变成一种公用基础设施"。美国Argonne国家实验室的资深科学家、Globus项目领导人Ian Foster将云计算定义为："云计算是由规模经济驱动，为互联网上的外部用户提供一组抽象的、虚拟化、动态可扩展的、可管理的计算资源能力、存储能力、平台和服务的一种大规模分布式计算的聚合体"。在国内，对云计算的定义，富有代表性的就是刘鹏的观点，他认为"云计算将计算任务分布在大量计算机构成的资源池上，使各种应用系统能够根据需要获取计算力、存储空间和各种软件服务"。

通常意义上的云计算是指公有云，即第三方为用户提供的可以使用的云，一般是免费或成本较低，用户可以通过网络对其进行访问和使用。

瓦片地图服务 tile map service

客户端请求提供地图时，通过缓存技术预先创建的地图切片来满足请求的地图服务方式。

双向直接互用

双向直接互用即两个软件之间的信息可相互转换及应用。这种信息互用方式效率高、可靠性强，但是实现起来也受到技术条件和水平的限制。BIM建模软件和结构分析软件之间信息互用是双向直接互用的典型案例。在建模软件中可以把结构的几何、物理、荷载信息都建立起来，然后把所有信息都转换到结构分析软件中进行分析，结构分析软件会根据计算结果对构件尺寸或材料进行调整以满足结构安全需要，最后再把经过调整修改后的数据转换回原来的模型中去，合并以后形成更新以后的BIM模型。

方案比选

在设计过程中，对于各个部分的优化设计，可以将不同的方案都加到BIM模型中进行比较。设计团队可以从图像、平面、剖面等角度了解不同方案的优劣，更容易选出最佳的方案。由于各个方案同时存在模型内，不同方案的图像、图纸可以同时输出，等最终方案选定后，在模型内确定选定的方案，图纸也能马上输出。

内建族

在当前项目为专有的特殊构件所创建的族，不需要重复利用。

公共数据网

公共数据网是一个由电信主管部门或是被广泛认可的私营机构建立和运营的通信网络。该通信网络以向公众提供某种方式的数据传输服务。一个机构在公共区域建造跨越很广区域的网络时，它可以有三种选择：建造自己的专用网；使用现存的公共网络；或使用以上两者结合的网络。X.25网络，即公共数据网PDN，它采用的主协议名为CCITT X.25，所以简称X.25。它是一种基于模拟系统的包交换数据网。它支持永久性虚电路（PVC）和交换虚电路（SVC），PVC用于常规的数据传输，SVC支持突发包的传输。

5 画

东经天元族库管理系统

国内 BIM 软件之一，生产厂商为北京东经天元软件科技有限公司，主要功能是实现对 REVIT 软件族文件的集中存储管理、权限管理及在 REVIT 软件的调用功能的 BIM 软件。

可施工性

对设计在施工中是否可以实施以及如何实施的评估。不同专业的可施工性：建筑师实现设计按照预想方式施工的能力；工程师实际施工后，符合规定性能标准的能力；承包人基于成本、进度、原材料和劳动力等因素的可行性、途径和项目的建造方式。BIM 不应是简单地创建纸上模型，而是要创建可施工的模型。

可出图性

运用 BIM 技术，除了能够进行建筑平、立、剖及详图的输出外，还可以出碰撞报告及构件加工图等。

可视化

解释1：可视化是利用计算机图形学和图像处理技术，将数据转换成图形或图像在屏幕上显示出来，并进行交互处理的理论、方法和技术，它涉及计算机图形学、图像处理、计算机视觉、计算机辅助设计等多个领域，称为研究数据表示、数据处理、决策分析等一系列问题的综合技术。目前正在飞速发展的虚拟现实技术就是以图形图像的可视化技术为依托的。

解释2：所谓的可视化，就是能见性，利用 BIM 技术构建的各种信息结构是透明的,因此可以有效地规避施工过程中的一些难题。由于 BIM 技术的可视性,可以让施工者实际看见工程结构,而不是靠大脑的想象。虽然目前在建筑行业也有效果设计图,但是这些图往往只是提供给设计人员进行设计制作用的,整个图都是二维线条组成的,而不是进行构建信息进行三维图形,这就导致这些二维图缺乏构建的互动性以及必要的信息反馈。

可视化交底管理

将各类交底资料及施工相关信息与施工 BIM 模型集成,建立综合的脚底资料信息库,实现可视化交底。当用户点击任意构件时,可以查询该构件的二维图纸、材料信息、设备信息、验收标准、交底方案等,帮助施工人员快速掌握施工要求。

功能分类 usage

按照建筑物的使用用途对建筑物功能进行分类。共分为 8 大类、34 中类、69 小类。

功能类别代码 usage code

分别为每个功能类别赋予一个代码,代码由英文字母和阿拉伯数字组成。每个代码的第一个字母为"J",后面的字母为大类代码,与《深圳市城市规划标准与准则》中的城市用地分类大类代号字母一致,字母后面的 2 位阿拉伯数字依次代表中类和小类。

电子钱包

一种为方便持卡人进行小额消费而设计的 IC 卡应用。它支持充值、消费等交易。

电子存折

一种为持卡人进行消费、取现等交易而设计的使用个人密码

(PIN)保护的金融 IC 卡应用。它支持圈存、圈提、消费、取现、修改透支限额及查询余额交易。

电子政务

政务部门为实现政府与公民、企事业单位之间的信息交互，向社会提供优质、高效、透明的管理和服务，对自身的管理结构和业务流程进行梳理，运用信息技术否构建的技术系统和形成的服务体系。

电子商务

以电子形式进行的商务活动，它在供应商、消费者、政府机构和其他业务伙伴之间通过电子方式（如电子邮件、报文、万维网技术、电子公告牌、智能卡、电子资金转账、电子数据交换、数据自动采集技术等）实现标准化的业务信息的共享，以管理和执行商业、行政和消费活动的交易。

电子印章

以先进的数字技术模拟传统食物印章的技术。电子印章的管理、使用方式符合实物印章的习惯和体验，电了印章加盖的电子文件具有与实物印章加盖的纸质文件相同的外观、相同有效性合格相似的使用方式。

百佳 BIM 联盟

百佳 BIM 联盟为建筑设计从业者提供专业信息资讯、技术分享、交流咨询等技术服务，做用心、专业、精品的技术交流平台。

归档 archive

按照一定原则进行信息提取、集合、存档的过程。

条文说明：通过建筑工程设计信息分类编码组织的信息集合，需要遵循一定的原则，以一定的顺序进行存档整理。从而保证信息集合的有序性。

对象类别

Revit 基本术语之一。与 AutoCAD 不同，Revit 不提供图层的概念，Revit 中轴网、墙、尺寸标注、文字注释等对象，以对象类别的方式进行自动归类和管理。Revit 通过对象类别进行细分管理。例如，模型图元类别包括墙、楼梯、楼板等；注释类别包括门窗标记、尺寸标注、轴网、文字等。

对象类 object class

可以对其界限和含义进行明确的标识，且特性和行为遵循相同规则的观念、抽象概念或现实世界中事物的集合。

业主单位

是指建筑工程的投资方，一般对该工程拥有产权。业主单位也称为建设单位或项目业主，指建设工程项目的投资主体或投资者，它也是建设项目管理的主体。

五方责任主体

建筑工程五方责任主体项目负责人是指承担建筑工程项目建设的建设单位项目负责人、勘察单位项目负责人、设计单位项目负责人、施工单位项目经理和监理单位总监工程师。

节能减排管理协调

通过 BIM 结合物联网技术的应用，使得日常能源管理监控变得更加方便。通过安装具有传感功能的电表、水表、煤气表后，可以实现建筑能耗数据的实时采集、传输、初步分析、定时定点上传等基本功能，并具有较强的扩展性。系统还可以实现室内温湿度的远程监测，分析房间内的实时温湿度变化，配合节能运行管理。在管理系统中可以及时收集所有能源信息，并且通过开发的能源管理功能模块，对能源消耗情况进行自动统计分析，比如各区域，各户主的每日用电量、每周用电量等，并对异常能源使用情况进行警告或者标识。

本体论视角

信息就是事物的运动状态和状态变化方式的自我表述，是刻画物质之间普遍存在的相互作用和相互联系的因果对应关系的元素。因此信息就像语言一样，也需要有语法、语义和语用。其中，语法信息是指主体所感知或所表述的事物运动状态和方式的形式化关系；语义信息是指主体所感知或所表述的事物运动状态和方式的逻辑含义；语用信息是指认识主体所感知或所表述的额事物运动状态的方式相对于某种目的的效用。

业务组

各业务部门的业务专家需要担任诸如 BIM 项目经理一类的角色。因此，该团队以业务为核心，他们最能准确提出 BIM 应用需求的人，最终对 BIM 实时效果也能做出有效的总结和评价。

民用建筑信息模型设计标准

《民用建筑信息模型设计标准》（DB11/T1069-2014），北京市规划委员会、北京市质量技术监督局联合发布，2014 年 9 月 1 日实施。本标准共 6 章，主要技术内容包括：总则、术语、基本规定、自愿要求、BIM 模型深度要求、交付要求。

对比分析法

对施工图设计模型进行检查方法之一。对信息模型与原设计图纸进行对比分析，检查模型是否符合原设计要求。

6 画

任务信息模型 task information model

以建筑工程的分部分项工程为对象、单一的子建筑信息模型。

成果交付 deliverables

BIM 工作完成后交付的成果，包括但不限于各专业信息模型（原始模型或经产权保护处理后的模型）、基于信息模型形成的各类视图、分析表格、说明文档、辅助多媒体等。

交付物 deliverables

解释1：在建筑设计工作中，应用 BIM 并按照一定设计流程所产生的设计交付成果，包括建筑、结构、机电等多种 BIM 模型和与之对应的图纸、信息表格，以及综合协调、模拟分析、可视化等成果文件。

解释2：基于建筑信息模型的可供交付的设计成果，包括但不限于各专业信息模型（原始模型或经产权保护处理后的模型）、基于信息模型形成的各类视图、分析表格、说明文档、辅助多媒体等。

交付人

提供交付物的一方。

交付过程

将符合要求的基于建筑信息模型的设计成果按协议或约定交付业主或委托方的过程。

交付流程

交付流程是指各参与方在约定的时间节点对本方约定的交付内容进行质量验证后，向被交付方交付并获得被交付方质量确认的流程。变更流程是指在交付及交付流程完成后，对已交付的内容由交付方或被交付方或第三方提出交付输入条件的更改，产生了交付内容变化的需求，从而进行交付内容更改并再次进行质量验证的流程。

交互操作性

实现不同 BIM 应用的不同软件之间的数据互换和共享的可能性。

交互性

交互性（interactivity）指用户对模拟环境内物体的可操作程度和从环境得到反馈的自然程度（包括实时性）。例如，用户可以直接用手去抓取模拟环境中虚拟的物体，这时手有握着东西的感觉，并可以感觉物体的重量，视野中被抓的物体也能理立刻随着手的移动而移动。

交互层

集成模型的交互层是基于网络通信协议搭建，为相关参与方提供信息交流、协作、共享的平台。BIM 信息模型通过交互层的网络传递，可以解决各参与方时间和空间上处于分离状态的问题。交互层可以依靠信息门户 PIP，Autodesk Buzzsaw 等应用软件实现。

构想性

构想性（imagination）强调 VR 技术应具有广阔的可想象空间，可拓宽人类认知范围。不仅可再现真实存在的环境，也可以随意构想客观不存在的甚至是不可能发生的环境。

交换需求

交换需求是指在不同的建筑生命周期或参与方不同的活动中，信息交换内容的描述。它处于信息传递标准的三个层次的中间层，描述上层流程图的活动之间所需传递的具体信息集合，由下层的功能部件组成。它有描述、内容、图示三部分组成。交换应包括两个方面的内容：一是交换需求的整体概览，如生命周期、发起者与执行者等。二是交换需求的内容描述，即所应用的功能部件技艺相关属性的信息。

存储单元 storage unit

以区域、图幅、专题、要素等数据存储的基本单元。

地名 geographical name

人们对地理实体赋予的专有名称。

地址 address

一种使建（构）筑物及其他空间物体实现定位的数据，用于唯一标识特定兴趣点。例如存取和投递到特定位置，及基于地点进行地理数据的定位。

地理格网 geographic grid

按照一定的数学规则对地球表面进行划分而形成的格网。

地理信息系统

在计算机软件和硬件支持下，对地理信息数据进行采集、处理、存储、管理、分析和表法的技术系统。

地下管线

敷设于地下的管线，分为综合地下管线和专业地下管线两个层次。

地下管线数据 underground pipeline data

描述地下管线及其附属设施的空间位置、关系及其他属性的数据。

地下管线数据库 underground pipeline database

按照管线数据分层和规定的数据结构来组织、存储和管理地下管线信息的数据库。

地下管线元数据 integraround underground pipeline information system

描述地下管线设局内容、质量、状况及其特征的数据。

地下管线数据目录 underground pipeline data catalog

以元数据为基础，对地下管线数据资源的状态、权属、使用和获取方式等进行描述的信息集合。

充值安全认证模块 inputsecu, accessm odule

由IC卡发行主管部门或应用主管机构发行的可以用于对IC卡进行充值安全认证的卡（模块），安装在充值类终端中口/T 243—2007。

充值 charge

利用终端设备，在安全的条件下，根据一定的操作权限，增加IC卡中服务计量值的过程。

充值终端 cha, terminal

可以增加IC卡中服务计量值的终端设备。

消费 pull

在指定应用的电子收费终端，对IC卡进行相应扣款写卡的过程。消费分专用消费和普通消费两种。

安全存取模块 secure access module

一种能够提供必要的安全机制以防止外界对终端所储存或处理的安全数据进行非法攻击的硬件加密模块。

安全加密设备

能提供一系列安全加密服务，具有逻辑安全性和物理安全性的硬件设备。

访问控制字 access bit

逻辑加密卡中控制数据块读写权限的标志字。

攻击 attack

在未授权状况下，试图在设备上获取或修改敏感信息的一种行为。

设计企业 BIM 标准实施指南

《设计企业 BIM 标准实施指南》是由清华大学 BIM 课题组与北京互联立方（isBIM）技术服务有限公司组成的联合课题组，在《中国建筑信息模型标准框架研究》（Chinese Building Information Modeling Standard，简称 CBIMS）理论基础上，共同开展的专项课题研究。《设计企业 BIM 标准实施指南》是 CBIMS 标准体系中的重要组成部分，是系统指导企业建立 BIM 标准的实施指南，也是中国建筑行业 BIM 标准研究与制定中的重要成果。《设计企业 BIM 标准实施指南》分别从企业级 BIM 实施的定义与通用原则、企业级 BIM 设计资源标准、企业级 BIM 设计行为标准、企业级 BIM 设计交付标准等方面进行了详细阐述与说明。

设计可视化

设计可视化即在设计阶段建筑及构件以三维方式直观呈现出来。设计师能够运用三维思考方式有效地完成建筑设计，同时也使业主（或最终用户）真正摆脱了技术壁垒限制，随时可直接获取项目信息，大大减小了业主与设计师间的交流障碍。BIM 工具具有多种可视化的模式，一般包括隐蔽线、带边框着色和真实的模型三种模式。此外，BIM 还具有漫游功能，通过创建相机路径，并创建动画或一系列图像，可向客户进行模型展示。

设备可操作性可视化

设备可操作性可视化即利用 BIM 技术可对建筑设备空间是否合理进行提前检验。

设备的运行监控

设备的运行监控即采用 BIM 技术实现对建筑物设备的搜索、定位、信息查询等功能。在运维 BIM 模型中，通过对设备信息集成的前提下，运用计算机对 BIM 模型中的设备进行操作，可以快速查询设备的所有信息，如生产厂商、使用寿命期限、联系方式、运行维护情况以及设备所在位置等。通过对设备运行周期的预警管理，可以有效地防止事故的发生，利用终端设备和二维码、RFID 技术，迅速对发生故障的设备进行检修。

设计调整

设计调整指的是通过 BIM 三维可视化控件及程序自动检测，可对建筑物内机电管线和设备进行直观布置模拟安装，检查是否碰撞，找出问题所在及冲突矛盾之处，还可调整楼层净高、墙柱尺寸等。从而有效解决传统方法容易造成的设计缺陷，提升设计质量、减少后期修改，降低成本及风险。

设施协调管理

设施协调管理主要体现在设施的装修、空间规划和维护操作过程中。BIM 技术能够提供关于建筑项目的协调一致的、可计算的信息,该信息可用于共享及重复使用,从而可降低业主和运营商由于缺乏互操作性而导致的成本损失。此外基于 BIM 技术还可对重要设备进行远程控制,把原来商业地产中独立运行的各设备通过 RFID 等技术汇总到统一的平台上进行管理和控制。通过远程控制,可充分了解设备的运行状况,为业主更好地进行运维管理提供良好条件。

全生命周期 Life-Cycle

建筑物从计划建设到使用过程终止所经历的所有阶段的总称,包括但不限于策划、立项、设计、招标投标、施工、审批、验收、运营、维护、拆除等环节。

全球导航卫星系统 global position satellite system (GNSS)

利用卫星在全球范围内进行导航、定位、授时的系统的总称。目前主要的全球导航卫星系统有:美国的全球定位系统(Global Position System GPS),俄罗斯的全球导航卫星系统(Global Navigation Satellite System GLONASS),欧盟的伽利略定位系统(Galileo Positioning System),以及中国的北斗导航卫星系统(BeiDou Navigation Satellite System)。

全国 BIM 技能等级考试通关宝典

《全国 BIM 技能等级考试通关宝典》,薛菁主编,西安交通大学出版社,2017 年 6 月第一版。全国首套针对历年真题全面讲解的"穿透性教材"。全书供 3 章,第一章介绍 BIM 的起源、优势、人才需求、证书的重要性以及 BIM 相关的软件;第二章介绍全国 BIM 技能等级考试的主要种类、考试大纲及拓展应用;第三章为历届考试真题，包括单选题、多选题、族试题和实操题及其解析，最后为 Revit 命令的附录。

协同

基于建筑信息模型数据共享及互操作性的协调工作的过程，主要包括项目参与方之间的协同、项目各参与方内部不同专业之间或专业内部不同成员的协同，以及上下游阶段之间的数据传递及反馈等。从概念上，协同包括软件、硬件及管理体系三方面的内容。

行为 action

工程相关方在工程建设中表现出的工作与活动。

条文说明：由于本标准编码需要收集并梳理建筑全生命周期中所有的相关工作与活动，因此在建筑信息模型应用的基础上首先考虑到了模型化的信息对建筑业、制造业、IT 产业的整体影响，以及对建筑咨询而言的活动业务变化。另外，考虑到现国内建筑过程还需要足够的时间与未来的 BIM 产业链进行对接，因此本标准编码也充分地参照了国内现行的建筑流程。

本标准编码将建筑流程中的工作行为划分为十一大板块：投资行为、设计行为、实施行为、运营与维护、咨询行为、政府行为、管理行为和沟通行为、决策行为、文档管理行为、日常行为。

自适应构件

自适应构件是一种更为灵活的构件族。作为内嵌族载入体量族或直接载入项目文件后，它没有固定的形状。可根据自适应构件中定义的自适应点的数量和相对位置，自适应到体量族的形状中。

主体

主体（或主体图元）通常在构造场地在位构建。例如，墙和屋顶是主体。

动态地图服务 dynamic map service

客户端每一次请求提供地图时,都需要服务器绘制一次地图来满足请求的地图服务方式。

多专业协同

基于 BIM 的信息共享,改善了传统设计流程,可同时多人或多专业在同一模型中进行设计,实时可见他人的设计内容,避免设计重复与矛盾;碰撞检查功能能及时暴露肉眼不可见的问题。

多业务集成应用

在单业务应用的基础上,根据业务需要,通过协同平台、软件接口、数据标准集成不同模型,使用不同的软件,并配合硬件,进行多种单业务应用,就称为多业务集成应用。例如,将建筑专业模型协同供结构专业、机电专业设计使用,将设计模型传递给算量软件进行算量使用等等。

多感知性

多感知性(multi-sensory)是指除了一般计算机技术所具有的视觉感知外,还有听觉感知、力觉感知、触觉感知、运动感知,甚至包括味觉感知、嗅觉感知等。理性的 VR 技术应该具有一切人具有的感知功能,由于相关技术,特别是传感技术的限制,目前 CR 技术所具有的感知功能仅限于视觉、听觉、力觉、触觉、运动等几种。

执行层

创建模型的团队。这个团队学历不一定高,也许大专中专就可以。但是对不同 BIM 软件的掌握要熟能生巧,要求不但知道"什么软件能干什么",还要知道"不能干什么"。这个层面的 BIM 人才发展可以从软件应用的角度去拓展其技术空间。

机电管线碰撞检查可视化

机电管线碰撞检查可视化即通过将各专业模型组装为一个整体 BIM 模型，从而使机电管线与建筑物的碰撞点以三维方式直观显示出来。在传统的施工方法中，对管线碰撞检查的方式主要有两种：一是把不同专业的 CAD 图纸叠在一张图上进行观察，根据施工经验和空间想象力找出碰撞点并加以修改；二是在施工的过程中边做边修改。这两种方法均费时费力，效率很低。但在 BIM 模型中，可以提前在真实的三维空间中找出碰撞点，并由各专业人员在模型中调整好碰撞点或不合理处后再导出 CAD 图纸。

成本预算、工程量估算协调

成本预算、工程量估算协调指的是应用 BIM 技术可以为造价工程师提供各设计阶段准确的工程量、设计参数和工程参数，这些工程量和参数与技术经济指标结合，可以计算出准确的估算、概算，再运用价值工程和限额设计等手段对设计成果进行优化。同时，基于 BIM 技术生成的工程量不是简单的长度和面积的统计，专业的 BIM 造价软件可以进行精确的 3D 布尔运算和实体减扣，从而获得更符合实际的工程量数据，并且可以自动形成电子文档进行交换、共享、远程传递和永久存档。准确率和速度上都较传统统计方法有很大的提高，有效降低了造价工程师的工作强度，提高了工作效率。

优化性

在整个设计、施工、运营的过程中，其实就是一个不断优化的过程，没有准确的信息是做不出合理优化结果的。BIM 模型提供了建筑物存在的实际信息，包括几何信息、物理信息、规则信息，还提供了建筑物变化以后的实际存在。BIM 及与其配套的各种优化工具提供了对复杂项目进行优化的可能：把项目设计和投资回报分析结合起来，计算出设计变化对投资回报的影响，使得业主知道哪种项目设计方案更有利于自身的需求，对设计施工方案进行优化，可以带来显著的工期和造价改进。

阶段特定信息

在设施生命周期的某个阶段建立，在后续某个阶段需要使用，但长期运营并不需要的信息，这类信息必须注明被使用的设施阶段。

冲突检查

传统的 CAD 套图工作是由资深工程师进行建筑、结构及各系统机电图的汇整，工作量庞大且复杂，较容易产生疏漏及人为判断的错误，只能在现场施工再作弹性调整，往往浪费不少时间和费用。通过 BIM 的冲突检查流程，在施工前发现管线的硬碰撞、使用机能的冲突及视觉的冲突，先行改善后，可达到减少工程阶段变更设计的次数、缩短工期及节省工程造价的效益，甚至通过空间优化手段，提升日后空间使用价值。国外的建造工程在施工阶段应用 BIM 所创造的 30%以上的投资报酬率，已经获得实例验证。

共享核心元素

IFC 核心层定义了 IFC 模型的基本框架和扩展机制。在 IFC 模型中，除资源层类型外，所有实体类型均由核心层实体 IfcRoot 继承而来。核心层主要定义了各类模型元素的抽象父类型，包含核心、控制扩展、产品扩展、过程扩展四个模块，提供了一系列共享的模型元素抽象父类型，包括以下几类：产品（Product）：项目中所需供应、加工或生产的物理对象；

过程（Process）：描述逻辑有序的工作方案、计划以及工作任务的信息；

控制（Control）：控制和约束各类对象、过程和资源的使用，可以包含规则、计划、要求和命令等；

资源（Resource）：用于描述过程中所使用的对象的资源元素；

人员（Actors）：参与项目生命期的人和代理人；

组（Group）：任意对象的集合；

关系（Relationship）：表达模型对象之间关联关系的元素，包含一对一关系和一对多关系两类；

对象类型（Object Type）：描述一个类型的特定信息，可通过与实例的关联来指定一类实例的共同属性；

属性（Property）：表达对象特性信息的元素，可以与模型对象相关联；

代理（Proxy）：一种可以通过相关属性定义的实体对象，可以具有一定的语义含义并且可附加属性，主要用于扩展 IFC 的语义结构。

共享模型元素

能表达模型的共享信息，可用于不同应用领域之间的信息交互。主要包含以下几类：共享建筑服务元素；用于暖通、电气、给水排水和建筑控制领域之间信息互用的基本元素，主要包括水、暖、电系统相关的基本实体、类型、属性集和数量集。

共享组件元素

定义不同种类的小型组件，包括部件、附件、紧固件等基本实体、类型、属性集。

共享建筑元素

建筑结构的主要构件，包括墙、梁、板、柱等基本实体、类型、属性集和数量集。

共享管理元素

包括指令、要求、许可、成本表、成本项等建筑生命期各阶段通用管理相关的实体、类型和属性集；

共享设施元素

包括家具设备、资产、资产清单、资产占有者等设施管理相关的实体、类型和属性集。

传感器技术

由于绝大部分计算机处理的都是数字信号，因此，就需要传感器把模拟信号转换成计算机可以处理的数字信号。

协同平台

BIM 协同平台是工程项目所有相关方为进行基于 BIM 技术应用而进行交流、协同、记录、跟踪所搭建的工作平台，项目范围内实施交流、可追溯的开放式平台。

7 画

拟合优化 fitting

异性幕墙中通过数学算法，在保证建筑效果的前提下，将双曲板块通过拟合方式优化为单曲或平面板块，以降低施工难度及成本。

报文 message

由终端向卡或卡向终端发出的，不含传输控制字符的字节串。

报文鉴别代码 message authentication code

对交易数据及其相关参数进行运算产生的代码。主要用于验证报文的完整性。

初始化 initialization

在卡发行前，由卡的发行机构对 IC 卡进行格式化，并在卡中写入卡的发行信息的过程。

应用文件 aPplicatlon flle

按照一定的数据格式产生的具有不同功能的数据文件。IC 卡的应用文件包括卡的文件标识、发行文件、钱包文件、月票钱包文件、交易记录文件和过程文件等。

应急管理协调

通过 BIM 技术的运维管理对突发事件管理包括：预防、警报和处理。以消防事件为例，该管理系统可以通过喷淋感应器感应信息；如果发生着火事故，在商业广场的 BIM 信息模型界面中，就会自动触发火警警报；着火区域的二维位置和房间立即进行定位显示；控制中心可以及时查询相应的周围环境和设备情况，为及时疏散人群和处理灾情提供重要信息。

块 block

数据存储单元。

材料 material

用于工程建设或制造建筑产品的基本物质。

条文说明：这些物质可以是天然物质或人工合成物质，通常具有化学成分，而与形状定义无关。如：金属化合物、岩石、土壤、木材、玻璃、塑料、橡胶等。材料范围非常广泛，本标准分类目对建筑工程领域主要的、常用的产品材质进行定义和分类，用于描述建筑产品的基本物质属性值。

体量族

应用"公制体量.rft"族样板文件创建的载入族或在项目中

使用"内建体量"工具创建的内建族，属于"体量"类别。

形状

通过"创建形状"工具创建的三维或二维表面/实体。

住房保障信息化

在住房保障制度框架内，利用信息技术，建立住房保障基础信息管理平台，支撑各类保障性住房的建设、管理和分配，维护各类保障群众利益，促进基本住房保障公平的活动。

利益相关方

在组织的决策或活动中有重要利益的个人或团体。建筑工程利益相关方一般包含：政府部门、业主单位、勘察设计单位、施工单位、监理咨询单位、供货单位、物业公司等。

运维单位

常见的运维单位为物业管理公司，简称物业公司。物业公司是专门从事地上永久性建筑物、附属设备、各项设施及相关场地和周围环境的专业化管理的，为业主和非业主使用人提供良好的生活或工作环境的，具有独立法人资格的经济实体。

运维协调

BIM 系统包含了多方信息，如：厂家价格信息、竣工模型、维护信息、施工阶段安装深化图等，BIM 系统能够把成堆的图纸、报价单、采购单、工期图等统筹在一起，呈现出直观、实用的数据信息，可以基于这些信息进行运维协调。

状态

状态：定义提交信息的版本。随着信息在项目中流动，其状态通常是在一定的机制控制下变化的。例如同样一个图形，开始时的状态是"发布供审校用"，通过审校流程后，授权人士可以把该图形的状态修改为"发布供施工用",最终项目结束以后将更新为"竣工图"。定义今后要使用的状态术语是标准化工作要做的第一步。对于每一组信息来说,界定其提交的状态是必须要做的事情,很多重要的信息在竣工状态都是需要的。另外一个应该决定的事情是该信息是否需要超过一个状态,例如"发布供施工用"和"竣工图"等。

间接互用

信息间接互用即通过人工方式把信息从一个软件转换到另外一个软件,有时需要人工重新输入数据,或者需要重建几何形状。根据碰撞检查结果对 BIM 模型的修改是一个典型的信息间接互用方式,目前大部分碰撞检查软件只能把有关碰撞的问题检查出来,而解决这些问题则需要专业容易根据碰撞检查报告在 BIM 建模软件里面人工调整,然后输出到碰撞检查软件里面重新检查,直到问题彻底更正。

应用决策指南 20 讲

《应用决策指南 20 讲》,何关培著,中国建筑工业出版社,2016 年 8 月第一版。本书是作者及其团队对企业 BIM 应用决策这个没有标准答案但有无法回避的实际问题中若干关键因素的认识和实践。

系统族

系统族包含基本建筑图元,如墙、屋顶、天花板、楼板及其他要在施工场地使用的图元。标高、轴网、图纸和视口类型的项目和系统设置也是系统族。

美国国家 BIM 标准

美国国家 BIM 标准的全称为 National Building Information Modeling Standard(NBIMS),主编单位为美国建筑科学研究院(National Institute of Building Sciences,NIDS),同时也使国际智慧建

造联盟的北美分部。该标准比较系地总结了在北美地区常见的 BIM 应用方式方法。

私有云

私有云（Private Clouds）也叫内部或企业云，作为企业内部单独使用的信息化平台，为企业提供硬件虚拟化、集中管理、弹性资源调度等服务。私有云可部署在本企业内部，也可部署在一个安全的第三方服务器托管场所内，相对于公有云而言，更加地安全可靠。

住宅产业化

住宅产业化是一个完整产业链上的系统范畴，需要各个产业部门和上下游企业的统筹协调。根据产业经济学相关理论，可以把住宅产业化的过程分为四个阶段：产业化准备阶段，进行产业化政策、住宅建筑标准化研究等基础性工作；初步发展阶段，深入地对产业化技术体系进行研究，初步形成住宅标准化、部品化、工业化，尝试进行试点建设；快速发展阶段，住宅技术体系趋于成熟，生产经营一体化，协作化得到完善，进行规模化的建设；产业化成熟阶段。

进度管理

BIM 技术应用中，项目相关零部件的材质、数量、尺寸等一般需要进行数据管理。借助项目进度的合理化编制可提高后期进度管理工作的可行性。首先需要明确项目施工目标，尽量将各个目标进行明细化管理，层层分析后输入工期要求，根据时间表模式将项目各部分充分链接起来。提高各项任务相关材料、设备等资源的合理安排，并建立对应施工进展进步规划。大量工程实践表明，将 BIM 模型构建与进度表联系起来后，可形成更加直观的 4D 模型，实现进度的科学管理，避免工期拖延状况的发生，满足当前项目在工序间的逻辑要求，对后期施工管理、动态调整等工作具有极大帮助。

8 画

建筑信息子模型 sub building information model（sub-BIM）

建筑信息模型中可独立支持特定任务或应用功能的模型子集。简称子模型。

建筑信息模型软件 BIM software

对建筑信息模型进行创建、使用、管理的软件。简称 BIM 软件。

建模软件 modeling software

用于创建 BIM 模型的软件，应具备三维数字化建模、非几何信息录入、多专业协同设计、二维图纸生成等基本功能。

建筑信息模型 building information model（BIM）

解释1：全寿命期工程项目或其组成部分的物理特征、功能特性及管理要素等共享信息应用的数字化表达，简称模型。

解释2：建筑信息模型即 BIM，是指创建并利用数字化模型对建筑工程项目的设计、建造和运营全过程进行管理和优化的过程、方法和技术。

解释3：建筑信息模型（BIM：Building Information Modeling；在不特别指出的情况下，建筑信息模型表达的是通过相关 BIM 软件创建的信息模型概念总称。）技术是以三维可视化为特征的建筑信息模型的信息集成和管理技术。该技术是应用单位使用 BIM 建模软件构建建筑信息模型，模型包含建筑所有构件、设备等几何和非几何信息以及之间关系信息，模型信息按建设阶段，不断深化和增加。建设、设计、施工、运维和咨询等单位使用一系列应用软件,利用统一建筑信息模型进行虚拟设计和施工,实现项目协同管理,减少错误、节约成本、提高效益和质量。工程竣工后,利用建筑信息模型实施建筑运维管理,提高运维效率。BIM技术不仅适用于规模大、复杂的工程,也适用于一般工程;不仅适用于房屋建筑工程,也适用于市政基础设施等其他工程。

解释4:个体名词,包含建筑全生命周期或部分阶段的几何信息与非几何信息的数字化模型。建筑信息模型以数据对象的形式组织和表现建筑及其组成部分,并具备数据共享、传递和协同的功能。

解释5:在建设工程及设施全生命期内,对其物理和功能特性进行数字化表达,并以此设计、施工、运营的过程和结果的总称。简称模型。

建筑信息化模型

集合名词,在项目全生命周期或各阶段创建、维护及应用建筑信息模型进行项目计划、决策、设计、建造、运营等的过程,一般情况下,也可简称为"建筑信息模型"。

建筑信息模型工程师

是指利用电子信息工具完成建设工程项目设计、建造和管理可视化与数据化工作的专业技术人员和高级管理人员。西方国家统称为 BIM 工程师。

建筑信息模型深度 (Level ofdetal BIM depth)

BIM 深度是指模型中信息的详细程度。包括几何信息深度和非几何信息深度。

建筑信息模型元素 building information model element (BIM 元素)

解释1:可在多种场合重复使用的模型对象及其相关的图元、

规格说明，具有功能模块化和接口标准化特性。

解释2：建筑信息模型的基本组成单元。简称模型元素。

解释3：可在多种场合重复使用的个体图元、模型、规格说明。

建筑信息模型构件 building information model construct（BIM 构件）

由 BIM 元素放置在建筑特定位置并赋予具体属性生成的模型组件，构件可以是单个模型组件或多个模型组件的集合。

建筑信息模型软件 BIM software

对建筑信息模型进行创建、使用、管理的软件。简称 BIM 软件。

建筑信息模型视图 building information model view（BIM 视图）

由 BIM 构件经切割、剖断、展开及视角定位构成的图形表达，以及基于图形提取、抽离、简单计算、注释所形成的图表或文字表达。

建筑信息模型图纸 building information model sheet（BIM 图纸）

基于 BIM 视图经添加图框及出版设置等交付信息形成的 BIM 应用成果文件。

建筑信息模型子模型 building information model submodel（BIM 子模型）

建筑信息模型按照阶段、用途、专业等不同方式划分而成的部分模型，BIM 子模型之间内容可重复。

建筑信息模型拆分模型 building information model divided-model（BIM 拆分模型）

建筑信息模型按照专业、参与单位、阶段等不同方式拆分而成的部分模型，BIM 拆分模型内容不可重复。

建筑信息模型几何数据 building information model geometric data（BIM 几何数据）

BIM 构件内部几何形态和外部空间位置数据的集合。

建筑信息模型几何信息 building information model geometric information（BIM 几何信息）

BIM 构建内部几何形态和外部空间位置信息的集合。

建筑信息模型非几何数据 building information model non-geometric data（BIM 非几何数据）

除 BIM 几何数据以外所有数据的集合。

建筑信息模型数据中心 building information model-datacenter（BIM 数据中心）

BIM 实施过程中对 BIM 应用相关数据进行存储与管理的数据中心，实现数据共享，并确保数据安全。

建筑信息模型资源 building information model-source（模型资源）

BIM 实施过程中所需的工作条件，包括 BIM 软件、协同平台、图库、元素库及相关的电子文档内容等。

建筑幕墙工程信息模型 BIM of curtain wall

建筑幕墙工程及其设施物理和特性的数字化表达，在全生命期内提供共享的信息资源，并为各种决策提供基础信息，简称幕墙工程 BIM。

建筑信息模型资源 building information model-source (模型资源)

BIM 实施过程中所需的工作条件，包括 BIM 软件、协同平台、图库、元素库及相关的电子文档内容等。

建筑产品 building products

建筑工程建设和使用全过程中所用到永久结合到建筑实体中的产品，包括各种材料、设备以及它们的组合。

条文说明：建筑产品是用于建设的基本单元。可以是单一产品个体、工厂生产的多个产品组合体，也可以是工厂生产的可独立运行的系统。当材料以原有的形式作为一个组件来实现工作效果时，它们也被视为产品。例如：砂，可作为独立产品在工程中使用，同时砂也是其他产品的构成材料，如预制混凝土制品。因此，基本材料（如砂）在表 30 和表 40 中都出现。表 40——材料的焦点是材料的基本组成和物理性能，而不考虑材料的组合和使用。

建筑信息模型施工应用标准

《建筑信息模型施工应用标准》（GB/T51235-2017），中华人民共和国住房和城乡建设部、中华人民共和国国家质量监督检验检疫局联合发布，2018 年 1 月 1 日实施。该标准主要技术内容是：总则、术语、基本规定、施工模型、深化设计、施工模拟、预制加工、进度管理、预算与成本管理、质量与安全管理、施工监理、竣工验收。

建筑信息模型应用标准

《建筑信息模型应用标准》，上海市工程建设规范，DG/TJ08-2201-2016，主编单位：华东建筑设计研究院有限公司、上海科技工程咨询有限公司。上海市住房和城乡建设委员会批准，2016

年9月1日实施。同济大学出版社，2016年7月第一版。

建设企业信息化

建设领域勘察、设计、施工、监理、房地产开发、中介服务、市政公用事业等各类企业，利用信息技术，开发利用信息资源，提高企业的生产、经营、管理、决策效率和水平，提升企业竞争力的活动。

建设单位 BIM

建设单位 BIM 是指建设单位为完成项目建设与管理，自行或委托第三方机构（有能力的设计、施工或咨询单位）应用 BIM 技术，实施项目全过程管理，有效实现项目的建设目标。

建设阶段

建设阶段是指项目的策划立项、勘察设计、施工、运营维护等，设定阶段流程是指在各阶段间 BIM 数据交付的相关流程。专项应用是指各阶段中的工作划分，例如各设计阶段的专项设计及其主要 BIM 应用；施工阶段的土建施工、安装施工及其主要 BIM 应用等。具体任务是指在各专项应用中的具体工作安排产生的 BIM 建模和 BIM 应用活动。

建模精度

在不同的模型精细度下，建筑工程信息模型几何信息的全面性、细致程度及赚取恶性指标。几何精度采用两种方式来衡量，一时反映对象真实几何外形、内部构造及空间定位的精细程度；二是采用简化或符号化方式表达其涉及含义的准确性。

建模几何精细度

建模过程中，模型几何信息可视化精细程度指标。低于建模几何精度的几何变化，当不影响使用需求时，可不必可视化表达。

建筑物 building

指具有顶盖、梁柱、墙壁、基础,能够形成一定的内部空间,满足人们生产、生活及其他活动需要的工程实体。不包括构筑物(如纪念碑、单位大门、围墙、广告牌位、标示物、桥梁、涵洞、地下室通风口等)和小型建筑小品(如独立的亭子、有顶盖的观景平台、独立的花架连廊、人防出入口、电话亭、治安岗亭、建筑面积小于 10 平方米的单位门房等)。搭建物(如工棚、窝棚、菜棚、看守棚等)和代用物(如用作建筑物使用的集装箱、大型包装箱、废旧汽车、船体及火车车厢等)作为临时建筑物,在编码时区别表示。

建筑物性能分析仿真

建筑物性能分析仿真即基于 BIM 技术建筑师在设计过程中赋予所创建的虚拟建筑模型大量建筑信息(几何信息、材料性能、构件属性等),然后将 BIM 模型导入相关性能分析软件,就可以得到相应分析结果。这一性能使得原本 CAD 使得需要专业人士花费大量时间输入大量专业数据的过程,如今可自动轻松完成,从而大大降低了工作周期,提高了设计质量,优化了为业主的服务。性能分析主要包括能耗分析、光照分析、设备分析和绿色分析等。

建筑编码 building code

指根据建筑编码原则为建筑编码单元编定的号码。共 19 位,前 14 位是深圳市统一空间基础网格编码,后 5 位是建筑物顺序码。

建筑信息模型 BIM 概论

机械工业出版社 2017 年出版的"十三五"普通高等教育 BIM 应用技术规划教材,刘照球主编。全书系统地阐述了建筑信息模型 BIM 的基础知识和基本应用。从其发展历程、概念与内涵、支持标准、建模技术、信息集成、协同工作、可视化、应用价值等不同角度全面介绍了这种新型信息处理技术。全书共计6章，分为 BIM 基础和 BIM 数据转换应用两个部分，编写过程中以 BIM 的基本概念和支持技术为核心，并紧密结合工程教育与实践应用的指导方针，能使读者系统了解 BIM 的本质和应用范围，把握其发展方向，从而进行学习和应用规划。本书可以作为普通高等院校土木工程或建筑专业的入门教材，也可以作为行业中对 BIM 感兴趣的从业人员的初学读本。

建筑信息模型（BIM）工程专业技能证书

建筑信息模型（BIM）走进了中国，在建筑领域掀起了变革的浪潮，随着国内 BIM 技术应用于建筑工程行业，彰显了其巨大的社会价值和经济价值。中华人民共和国住房和城乡建设部发布的《关于建筑业发展和改革的若干意见》、《推进建筑信息模型应用指导意见》的出台，明确在建设工程项目规划设计、施工项目管理、绿色建筑等方面把推动建筑信息化建设作为行业发展总目标之一。国内各省市行业主管部门随后也相继出台关于推进 BIM 技术推广应用的指导意见，这标志着我国工程项目建设、绿色节能环保、集成住宅、3D 打印房屋、建筑工业化生产等即将全面进入信息化时代。为了进一步发挥行政主管部门在 BIM 技术应用推广中的引领和指导作用，经过行业专家多方论证，BIM 专业技能考核标准终于尘埃落定。行政主管部门对 BIM 技术的专业技能测评认证工作将全面展开。

建筑领域信息技术应用

在建筑领域的各个方面，运用信息技术支撑政府、企事业单位、行业组织和中介机构的业务和管理工作，开发利用信贷资源，提高工作效率与质量，降低成本，推动建设事业科学发展的活动，也称建设领域信息化。

建筑全生命周期

建筑全生命周期是指从材料与构建生产、规划与设计、建造与运输、运行与维护直到拆除与处理（废弃、再循环和再利用等）的全循环过程。

建筑全生命期管理 building lifecycle management (BLM)

在建筑工程的规划、勘察、设计、施工、运营维护等阶段，以及政府监管、企业管理、中介服务等环节，利用信息技术从创建、管理和共享建筑工程的信息，有效控制工程投资和进度，保证工程质量和安全，使工程更加环保节能，降低工程运营维护成本，实现在建工程的最大增值。

建筑全生命周期管理

建筑全生命周期管理就是对建筑工程项目的生命周期各阶段进行全过程管理，涉及范围、进度、成本、质量、采购、沟通等职能领域的内容。

建设项目全生命期一体化管理模式

建设项目全生命期一体化管理（PLIM）模式是指业主单位牵头，专业咨询方全面负责，从各主要参与方分别选出一至两名专家一起组成全生命期一体化项目管理组（PLMT），将全生命期中各主要参与方、各管理内容、各项目管理阶段有机结合起来，实现组织、资源、目标、责任和利益等一体化，相关参与方之间有效沟通和信息共享，以向业主单位和其他利益相关方提供价值最大化的项目产品。建设项目全生命期一体化管理模式主要涵盖了三个方面：参与方一体化、管理要素一体化与管理过程一体化。

建筑空间管理

建筑空间管理即基于 BIM 技术业主通过三维可视化直观地查询定位到每个租户的空间位置以及租户的信息，如租户名称、建筑面积、租约区间、租金情况、物业管理情况；还可以实现租户的各种信息的提醒功能，同时根据租户信息的变化，实现对数据及时调整和更新。

建筑机电工程 BIM 构件库技术标准

《建筑机电工程 BIM 构件库技术标准》（中国安装协会标准 CIAS11001：2015），经中国安装协会 2015 年 7 月 8 日以第 1 号公告批准、发布。本标准共 7 章，主要技术内容是：总则、术语、基本固定、构建分类、构件模型细度、构件编码规则、构建库建设应用及管理。本标准制定过程中，编制组进行了广泛的调查研究，总结了我国建筑机电工程 BIM 构件库应用的实践经验，同时参考了国外先进技术标准。

建筑幕墙工程 BIM 实施标准

《建筑幕墙工程 BIM 实施标准》T/CBDA7-2016，经中国建筑装饰协会 2016 年 12 月 15 日以中装协［2016］90 号文件批准、发布。本标准总结了建筑幕墙工程 BIM 实施方面的实践经验，同时参考了国内外先进法规、技术标准，通过先进的技术手段，取得了相应的重要技术参数。

建筑装饰装修工程 BIM 实施标准

《建筑装饰装修工程 BIM 实施标准》（建筑装饰行业工程建设中国建筑装饰协会标准 CBDA，T/CBDA-3-2016），中国建筑装饰协会发布，2016 年 12 月 1 日实施。本标准系国内首创，填补了我国建筑装饰行业标准的空白，总体上达到国内领先水平。标准的主要技术内容是：总则、术语、基本固定、信息模型创建、信息模型协同、信息模型应用、信息模型交付。

非几何信息 non-geometrical information

解释1：模型内外空间除几何信息之外的其他特征信息的统称。

解释2：建筑物及构建除几何信息之外的其他信息，如材料信息、价格信息及各种专业参数信息等。

解释3：英文名称"Non-geometric information"简写为NGI，非几何信息是指除几何信息之外的所有信息的集合。

非接触式 ic+contactless IC card

无触点的集成电路卡。

空间基础网格 basic geo-spatial grid

为城市管理需要，将城市空间划分为可以无缝聚合的网格单元，并赋予惟一的数字编号。

空间协调管理

空间管理主要应用在照明、消防等各系统和设备空间定位。应用BIM技术业主可获取系统和设备空间位置信息，把原来编号或者文字表示变成三维图形位置，直观形象且方便查找。如通过RFID获取大楼的安保人员位置。其次，BIM技术可应用于内部空间设施可视化，利用BIM建立一个可视三维模型，所有数据和信息可以从模型获取调用。如装修的时候，可快速获取不能拆除的管线、承重墙等建筑构件的相关属性。

空间优化

空间优化是指虽然机电管线在空间中没有冲突，但是出于提升空间净高及空间价值之目的，进行管线配置调整的一种手段。

组件

一组构件或模型图元，用来定义一部分或整个建筑模型（例如：复合墙体、整体厨卫等）。

组织角色 organizational roles

在整个工程项目生命周期中的任一过程和工序的专业领域的参与者，包括个人和团队。

条文说明：表31的关键概念在于在一个给定的项目的背景下参与者的责任范围和参与者的工作职能，而不考虑其领域的专门知识、教育、经验，或培训。一些组织角色意味着特定领域的专业知识。参与者可以是个人，小组或团队，一个公司，一个协会，一个机构，一个研究所，或其他类似组织。

构件

亦称"模型构件"，是一个可在多种场合重复使用的个体图元（如门、楼梯、家具、柱等），使用者通常将模型构件插入或移动/旋转到建模所需位置。

构件模型细度

描述对象的粗细程度及类别的指标，在本标准中特指分级量化构件模型所包含信息多少及深浅的详细程度。

构件资源库 BIM component library

在BIM实施过程中开发、积累并经过加工处理，形成可重复利用的构件的集合。

承包商 BIM

承包商BIM是指设计、施工和咨询单位为完成自身承接的项目，自行实施应用BIM技术。实施项目设计、施工或管理。

现势数据库 current database

存放最新的城市空间基础数据的数据库。

命令 command

终端向 IC 卡发出的一条信息，该信息启动一个操作或一个应答。

终端 terminal

为完成交易而在交易点安装的设备，用于同 IC 卡的连接。它包括接口设备，也可包括其他部件的接口，例如与主机通讯的接口。

表具类终端朗 ugetypete rminal

支持对预付费的水、燃气和热量给予正常供应的终端。

服务类终端 serv icetypeterminal

提供售卡、充指、验卡、圈存、管理等服务的终端。

物理安全性 physicalsecurity

设备的物理结构抵御攻击的能力。

物联网

解释 1：物联网是通过射频识别、红外感应器、全球定位系统、激光扫描器将信息传感设备，按约定的协议将物品与互联网相连进行信息交换和通信，以实现智能化识别、定位、跟踪、监控和管理的一种网络。

物联网是继计算机、互联网和移动通信之后的又一次信息产业的革命性发展，物联网已经被列为国家重点发展的战略性新兴产业之一。由于物联网产业具有产业链长、涉及多个产业群的特点，因此，其应用范围几乎覆盖了各行各业。

解释 2：物联网 IOT（Internet of Things）是互联网、传统电信网等信息的承载体，是让所有能行使独立功能的普通物体实现互联互通的网络。物联网的概念有两层意思：其一，物联网的核心和基础仍然是互联网,是在互联网基础上延伸和扩展的网络;其二,其用户端延伸和扩展到了任何物品与物品之间进行信息交换和通信,也就是物物相息。

解释3:国际电信联盟对物联网的定义是:通过二维码识读设备、射频识别(RFID)装置、红外感应器、全球定位系统和激光扫描器等信息传感设备,按约定的协议把任何物品与互联网相链接,进行信息交换和通信,以实现智能化识别、定位、跟踪、监控和管理的一种网络。

使用需求

根据项目阶段和工期需求而确定的对于建筑工程信息模型信息需求。

参数化

解释1:"参数化"是Revit的基本特性。所谓"参数化"是指Revit中各模型图元之间的相对关系,例如相对距离、共线等技术特征。Revit会自动记录这些构件间的特征和相对关系,从而实现模型间自动协调和变动管理,例如,当指定窗底部边缘距离标高距离为900,修改标高位置时,Revit会自动修改窗的位置,以确保变更后窗底部边缘距离标高仍为900。构件间参数化关系可以再创建模型时由Revit自动创建,从而确保几何模型和工程数据的一致性。

解释2:术语"参数化"是指模型的所有图元之间的关系,这些关系可实现Revit Architecture提供的协调和修改管理功能。这些关系可以由软件自动创建,也可以由设计者在项目开发期间创建。在数学和机械CAD中,定义这些关系的数字或特性称为参数,因此该软件的运行是参数化的。该功能为Revit Architecture提供了基本的协调能力和生产率优势:任何时间在项目中的任何位置进行任何修改,Revit Architecture都能在整个项目内协调该修改。

解释3:参数化建模指的是通过参数(变量)而不是数字建

立和分析模型，简单地改变模型中的参数值就能建立和分析新的模型。BIM 的参数化设计分为两个部分："参数化图元"和"参数化修改引擎"。"参数化图元"指的是 BIM 中的图元是以构件的形式出现，这些构件之间的不同，是通过参数的调整反映出来的，参数保存了图元作为数字化建筑构件的所有信息；"参数化修改引擎"指的是参数更改技术使用户对建筑设计或文档部分作的任何改动，都可以自动地在其他相关联的部分反映出来。在参数化设计系统中，设计人员根据工程关系和几何关系来指定设计要求。参数化设计的本质是在可变参数的作用下，系统能够自动维护所有的不变参数。因此，参数化模型中建立的各种约束关系，正是体现了设计人员的设计意图。参数化设计可以大大提高模型的生成和修改速度。

轮廓

轮廓是可用来生成形状的单条线，一串链接起来的线或者闭合的环。可以单独或组合使用，以利用支持的几何图形构造技术（拉伸、融合、旋转、放样、放样融合）来构造"形状"图元几何图形。

房地产信息化

在房地产开发、建设、销售、管理过程中，利用信息技术，提高房地产商品质量、提升居住与管理水平的活动。

表示 representaion

值域、数据类型的组合，必要时也包括计量单位或字符集。

视图专有图元

视图专有图元只显示在放置这些图元的视图中。它们可帮助对模型进行描述或归档。例如，尺寸标注、标记和二维详图构件都是视图专有图元。

注释图元

注释图元是对模型进行归档并在图纸上保持比例的二维构件。例如，尺寸标注、标记和注释记号都是注释图元。

详图

详图是在特定视图中提供有关建筑模型详细信息的二维项。示例包括详图线、填充区域和二维详图构件。

实例

实例是放置在项目中的实际项（单个图元），在建筑（模型实例）或图纸（注释实例）中都有特定的位置。

单元网络 basic management grid

城市市政监管的基本管理单元，是基于城市大比例尺地形数据，根据城市市政监管工作的需要，按照一定原则划分的、边界清晰的多边形实地区域（面积约为一万平方米）。

单元分段法

这是目前所有的结构分析软件处理变截面结构构件的方法，其主要是采用增加节点来将构件分段，每段就变成或可以视作等截面单元。该方法对于处理截面突变是很合适的，但处理渐变截面就不太好。另外，该方法将一个结构构件用断点拆分成多个单元，与 BIM 物理模型中独立的构件定义就不能匹配。

单元分节法

该方法采用在单元内部引入变截面位置及与之对应的截面几何尺寸参数，来定义复杂的变截面单元。单元可以内插多个节点来模拟复杂杆件实际变化，但杆件依旧是一个独立的单元。该方法可以处理弯曲刚度沿杆件长向复杂变化的变截面结构构件。弯曲刚度沿杆长向的变化可以是一次线性、二次抛物线、或三次曲线；轴向刚度、剪切刚度、质量、重量属性沿长度线性变化；截面属性也可以突变。该方法处理变截面时，复杂变截面构件是独立的单元，因此可以很好地与 BIM 物理模型中的单元体匹配。目前为中国用户熟悉的结构分析软件 ETABS、SAP2000 就采用这种方法来处理构件复杂变截面。其主要是采用了"对象"概念来完全定义实际构件，程序运行分析时，自动将基于对象的模型转换为基于单元的模型来进行分析。单元分节法定义复杂的变截面单元的手法就是参数化单元，与 BIM 参数化建模的理念是一致的，是结构分析软件的发展方向。

单业务应用

基于 BIM 模型，有很多具体的应用是解决单点的业务问题，如复杂曲面设计、日照分析、风环境模拟、管线综合碰撞、4D 施工进度模拟、工程量计算、施工交底、三维放线、物料追踪等等。如果 BIM 应用是通过使用单独的 BIM 软件解决类似上述的单点业务问题，一般就称为单业务应用。单业务应用需求明确、任务简单，是目前最为常见的一种应用形式。但如果没有模型交付和协同，如果为了单业务应用而从零开始搭建 BIM 模型，往往费效比较低。

单向直接互用

单向直接互用即数据可以从一个软件输出到另外一个软件，但是不能转换回来。典型的例子是 BIM 建模软件和可视化软件之间的信息互用。可视化软件利用 BIM 模型的信息做好效果图以后，不会把数据返回到原来的 BIM 模型中去。单向直接互用的数据可靠性强，但只能实现一个方向的数据转换，这也是实际工作中建议优先选择的信息互用方式。

事件 event

人为或自然因素导致城市市容环境和环境秩序受到影响和破坏，需要市政管理部门处理并使之恢复正常的事情和行为的统称。

国家数字模拟指南

澳大利亚为了促进全国范围内的 BIM 标准的制订和实施给出了《国家数字模拟指南》。该指南并未对 BIM 技术在建筑项目协同合作中的技术细节进行深入介绍，而是侧重于探讨如何制定出可以充分发挥 BIM 优越性能的实施过程及行业规范等问题。该指南包括《National Guidelines for Digital Modeling》及《Case Studies》两部分。

线性渐变截面单元法

目前比较多的结构分析软件（例如 PKPM）可以处理构件两端截面不等高或不等宽，构件截面的变化从一端到另一端是线性变化，线性渐变截面单元主要是采用了变截面的结构杆单元，可以处理简单的结构构件变截面问题。其优点是可以将变截面构件处理单个的单元，可以很好地与 BIM 物理模型链接。其不足是多数软件仅可以处理一次线性变截面（仅变截面高度或宽度）。

供货单位

供货单位是指在建筑生产环节，提供建筑材料、成品和半成品设备生产供应的单位。根据合同关系的不同，又分为施工单位自行采购、甲指乙供等常见合同形式。

法律强制信息

运营阶段一般情况下不需要使用，但是当产生法律和合同责任时在一定周期内需要存档的信息，这类信息必须明确规定保持周期。

经济学界视角

信息是从数据中抽象出来的，它作用于我们的概率分布上，不是减弱就是增强，即信息使我们以不同的方式思考问题或采取行动。

资源数据

能支持观念更新模型元素和专业模型元素的基础信息描述。资源数据主要包括以下几类。

几何资源：建筑的空间几何信息，包含模型、几何约束、拓扑关系及其相关资源；

材料资源：建筑构件的材料及材质，包含材料名称、类别、材质、成分比例、关联构件及位置等；

日期时间资源：事件时间、任务时间和资源时间信息，包含其日期、时间和持续时长等；

角色资源：参与方的组织和个人信息，包含企业和个人的名称、角色、地址、从属关系以及其他相关描述等；

成本资源：建设成本信息，包含成本项、成本量、关联构件/属性、关联清单、计算公式、币种及兑换关系等；

荷载资源：结构荷载信息，包含荷载类型、大小、作用位置或区域等；

度量资源：度量单位，包含字符及数字变量、国际标准单位、导出单位等；

模型表达资源：模型表达定义和信息，包含表达定义、外观表达、表达组织以及表现资源等；

其他资源：包含属性、工程量、剖面、工具、约束、审核，以及外部引用等资源数据。

嵌入式系统技术

嵌入式系统技术，是综合了计算机软硬件、传感器技术、集成电路技术、电子应用技术于一体的复杂技术。

事前纠偏

事前纠偏是预防事故发生较好的方法之一，如碰撞检查、场地布置、净高检查等，通过应用BIM平台把问题前置化，以减少返工，降低成本。事前纠偏主要指在施工准备阶段，即挖土方阶段，该阶段的人员配置已基本完善，可将大量时间放在发现图纸中的问题，将图纸不断合理化，避免不必要的造价产生。

事中纠偏

在工程项目建设过程中或多或少会遇到一些问题，此时应启动"问题发现—解决问题—反馈问题—再次解决"模式。另外，应将已完成的 BIM 模型把工程量数据和成本数据与模型进行衔接，在平台上形成时间—成本曲线。核对某一阶段或某个时间段内成本计划值和实际值的偏差度，找出产生偏差的原因并进行纠偏。另外，还可通过 BIM 记录成本数据进行动态循环。

9 画

树形结构 tree struvture

模型元素之间存在"一对多"树形关系的非线性数据结构，反映拆分文件的从属关系及并列关系。

城市基础地理信息系统 urban basic geographic information system

指在计算机软硬件环境里，将城市空间基础数据，包括城市基础地理数据和城市基础地质数据，按照其空间位置，输入编辑、存储更新、查询检索、空间分析、显示输出和分发服务的一种技术系统。

城市空间基础数据 urban basic spatial data

解释1：直接或间接与地表和地下位置有关的城市自然与人

文现象数据。

解释2：城市基础地理数据和城市基础地质数据。

城市基础地理数据 urban basic geographic data

城市地表和地下的自然地理形态和社会经济概况基础数据。主要包括控制点数据，地形要素数据，城市三维模型数据综合管线数据，相关数据等构成的城市自然地理要素、地表及地下人工设施等城市空间基础信息数据。

城市基础地质数据 urban basic geological data

与城市规划、建设和管理相关的基于空间定位的各类地质要素数据的总称。主要包括地貌数据、地层数据、地质构造数据、水文地质数据、地震地质数据、环境地质数据、地质资源数据等地质要素数据。

城市三维模型 3D urban model

对城市景观的三维表达，它反映景观对象的主要特征，并包含从各个方向观察景观对象的必要信息。城市三维模型数据主要由三维建（构）筑模型数据、数字正射影像图数据和数字高程模型数据等组合而成。

城市地理空间数据 urban geospatial data

直接或间接与地理空间位置有关的城市自然与人文现象的数据。

城市地理空间框架数据 urban geospatial framework data

城市规划、建设、运行、管理和服务过程中需要的基本的、公用的地理空间数据，简称框架数据。包括城市行政区划、交通、水系、建（构）筑物、地名、地址、遥感影像、高程、三维模型、地理格网、地下空间设施、综合管线、测量控制点、地籍、规划用地与控制线、土地利用、园林绿化、管理和服务区域、公共服务设施、环境与减灾等数据。

城市三维模型　three dimensional city model

城市地形地貌、地上地下人工建（构）筑物等的三维表达，反映对象的空间位置、几何形态、纹理及属性等信息。

城市信息化

在城市规划、建设、运行、管理和服务中，运用信息技术、整合信息资源，构建信息系统，建立保障机制，进而提升城市功能，提高政府和企业的工作效率与服务水平，改善公众生活品质的活动。

城市规划信息化

在城镇体系规划、城市规划、镇规划、乡规划和村庄规划的编制与实施效率中，运用信息技术支撑业务和管理工作，提高规划工作效率、规划成果质量和规划试试效果的活动。

城市建设信息化

在城市基础设施及房屋等建设中，运用信息技术，构建城乡建设信息系统，提高工作效率，提升建设工程质量和安全水平的活动。

城市管理信息化

在城市管理过程中，运用信息技术，构建城市管理信息平台，支撑城市的行政管理、经济管理、社会管理、文化管理、市容管理等工作，提高城市管理的效率、质量与水平的活动。

城市服务信息化

在城市的公共服务、社会服务和其他服务中，运用信息技术，提高服务效率和服务质量的活动。

城市信息系统

在计算机硬件支持下，面向城市规划、建设、运行、管理和服务应用，采集、处理、管理、分析、输出各种信息的技术系统。

城市信息平台

基于信息基础设施，按照信息共享要求和相关技术标准建立的、服务于城市各种信息系统和信息应用的技术系统。主要包括城市统一的公共信息平台、面向公众的信息服务平台以及面向有关行业的专业信息平台等。

城市信息基础设施

用于传送语音、数据、文本、图像、视频和其他多媒体信息的城市高速通信网及相关设施，主要包括电信网、广播电视网、计算机网等。

城市市政综合管理信息系统 urban municipal supervision and management information system

基于计算机软硬件和网络环境，集成地理空间框架数据、单元网络数据、管理部件数据、地理编码数据等多种数据资源，通过多部门信息共享、协同工作，实现对城市市政工程设施、市政公用设施、市容环境与环境秩序监督管理的一种综合集成化的信息系统。

城市建成区 urban built-up area

城市行政区内实际已成片开发建设、市政公用设施和公共设施基本具备的地区。

城域网

具有统一协议、在城市行政区划范围内实现信息传输与交换的高速宽带网络。

城市地理信息系统

利用计算机软件和地理空间信息技术,实现对城市各种空间、非空间数据的输入、存储、查询、检索、处理、分析、显示、更新和提供应用,并处理城市各种空间实体及其关系为主的系统。

标准地名 standardized geographical name

使用规范的语言文字书写,并经过官方认可的地名。

标高

标高是无限水平平面,用作屋顶、楼板和天花板等以标高为主体的图元的参照。标高大多用于定义建筑内的垂直高度或楼层。用户可为每个已知楼层或建筑的其他必需参照(如第二层、墙顶或基础底端)创建标高。要放置标高,必须处于剖面或立面视图中。

标准构件族

标准构件族:用于创建建筑构件和一些注释图元的族,例如,窗、门、橱柜、装置、家具、植物和一些常规自定义的注释图元(如符号和标题栏等)。它们具有可自定义的特征,可重复利用。

响应 response

IC 卡处理完成收到的命令报文后,返回给终端的报文。

信息粒度

在不同的模型精细度下,建筑工程信息模型所容纳的几何信息、非几何信息的单元大小和健全程度。

信息 information

在创造和维护建设环境过程中供参考和利用的数据。

条文说明：信息可以存在于各种各样的媒体中，包括印刷和数字化形式。信息可以作为一般参照和监管数据，例如制造标准，或者它也可作为类似于项目手册的具体项目标准。信息是在创造和维持建设环境过程中的交流的主要工具。通常，信息需要被归档、存储以及检索。信息表主要是对任何项目在其生命周期内所访问，创建，使用和交换的信息的类型和形式进行分类。

信息技术

利用计算机和通信手段获取、存储、管理和传输信息的技术，也称信息和通信技术（information and communication technology，ICT）。

信息化

解释1：利用信息技术对信息资源进行采集、处理、存储、交换、共享、服务和应用的活动。

解释2：信息化是培养、发展以计算机为主的智能化工具为代表的新生产力，并使之造福于社会的历史过程。

信息资源开发利用

利用信息技术对信息资源进行采集、处理、存储、交换、共享、服务和应用的机制。

信息共享

依据政策法规和标准规范，在一定范围和层次上实现信息流通与共用的机制。

信息技术应用标准体系 standard architecture for information technology applications

与信息技术应用有关的标准按其在内在联系形成的有机整体，主要与基础设施、通用标准和专用标准三个层次的标准组成。

信息模型

信息模型是面向对象分析的基础。它的基本思想是描述三个内容：对象、对象属性和对象之间的关系。对象之间存在一定的关系，关系是以属性的形式表现的。信息模型用两种基本的形式描述：一种是文本说明形式，包括对系统中所有的对象、关系的描述与说明；一种是图形表示形式，它提供一种全局的观点，考虑系统中的相干性、完全性和一致性。

信息科学视角

信息是人和外界互相作用的过程中互相交换的内容的名称。信息是事物之间的差异，而不是事物的本身，即信息是反映事物的形成、关系和差别的东西，包含在事物的差异之中。

信息语义标准

是对信息标准化的理解。它是对信息涵义及其之间关系的规范，以实现不同系统对信息的理解一致。

信息传递标准

是对信息标准化的传递。它对建筑信息进行划分和封装，在特定的活动间进行传递，从而规范建筑信息的生成与使用。

信息集成

信息集成（information integration）技术是伴随着计算机技术的发展应运而生的，是把不同来源、格式、特点和性质的数据在逻辑上或物理上有机地集中，从而为企业提供全面的信息共享。通常包含数据的集合、整合、融合、组合等含义，是协同工作能够正常进行的前提。企业实现信息共享，可以使更多的人更充分地使用已有数据资源，减少资料收集、数据采集等重复劳动和相应费用。但是，在实施信息共享的过程当中，由于不同用户提供的数据可能来自不同的途径，其数据内容、数据格式和数据质量千差万别，有时甚至会遇到数据格式不能转换或数据转换格式后信息丢失等棘手问题，严重影响了信息在各部门和各软件系统中的流动与共享。因此，如何对信息进行有效的集成管理已成为增强企业商业竞争力的必然选择。

信息化组

职责包括 BIM 技术支持和 BIM 资源管理两个方面。技术支持主要负责企业软硬件、网络资源的维护以及 BIM 技术的研究与应用开发；资源管理需要完成企业 BIM 资源的整体规划、数据管理与维护、权限管理等工作，以达到企业的 BIM 资源高度共享和使用的目的。

信息交换模板

信息交换模板是指在信息交换需求和软件实现基础上产生的特定类型电子文档，承载可用于计算机交互和人员阅读的 BIM 交换信息，包括表格、IFC Express、XML 等电子文档。

项目

解释1：Revit 基本术语之一。在 Revit 中，可以简单地将项目理解为 Revit 的默认存档格式文件。该文件中包含了工程中所有的模型信息和其他工程信息，如材质、造价、数量等，还可以包括设计中生成的各种图纸和视图。项目以".rvt"的数据格式保存。注意".rvt"格式的项目文件无法在低版本的 Revit 打开，但可以被更高版本的 Revit 打开。例如，使用 Revit2015 创建的项目数据，无法在 Revit2014 或更低的版本中打开，但可以使用 Revit2016 打开或编辑。

解释2：在 Revit Architecture 中，项目是单个设计信息数据库——建筑信息模型。项目文件包含了建筑的所有设计信息（从几何图形到构造数据）。这些信息包括用于设计模型的构件、项目视图和设计图纸。通过使用单个项目文件，Revit Architecture 令用户不仅可以轻松地修改设计，还可以使修改反映在所有关联区域（平面视图、立面视图、剖面视图、明细表等）中。仅需跟踪一个文件，同样还方便了项目管理。

解释3：项目是指一系列独特的、复杂的并相互关联的活动，这些活动有着一个明确的目标或目的，必须在特定的时间、预算、资源限定内，依据规范完成。

项目管理

就是项目的管理者在有限的资源约束下，运用系统的观点、方法和理论，对项目涉及的全部工作进行有效地管理。包括运用各种相关技能、方法与工具、为满足或超越项目有关各方对项目的要求与期望，所开展的各种计划、组织、领导、控制等方面的活动。

项目交付

项目交付即业主认可施工工作、交接必要的文执行培训、支付保留款、完成工作结算。主要的交付活动包括：建筑和产品系统启动、发放入住授权、设施开始使用、业主给承包商准备竣工查核查详表、运营和维护培训完成、竣工计划提交、保用和保修条款开始生效、最终验收检查完成、最后的交付完成、最终成本报告和竣工时间表生成。

项目试运行

试运行是一个确保和记录所有的系统和部件都能按照明细、最终用户要求以及业主运营需要，执行其相应功能的系统化过程。

类型和实例

除内建族外，每一个族包含一个或多个不同的类型，用于定义不同的对象特性。例如，对于墙来说，可以通过创建不同的族类型，定义不同的墙厚和墙构造。每个放置在项目中的实际墙图元，称之为该类型的一个实例。Revit 通过类型属性参数和实例属性参数控制图元的类型或实例参数特征。同一类型的所有实例均具备相同的类型属性参数设置，而同一类型的不同实例，可以具备完全不同的实例参数设置。

类别

类别是用于对建筑设计建模或归档的一组图元。例如，模型图元类别包括墙和梁。注释图元类别包括标记和文字注释。

类型

解释 1：拥有多个类型。"类型"可以是特定尺寸的族，例如一个 A0 的标题栏或一个 910×2110 的门。类型也可以是样式，例如尺寸标注的默认对齐样式或默认角度样式。

解释 2：定义该信息提交后是否需要被修改。信息有静态和动态两种类型，静态信息代表项目过程中的某个时刻，而动态信息需要被不断更新以反应项目的各种变化。当静态信息创建完成以后就不会再变化了，这样的例子包括许可证、标准图、技术明细以及检查报告等，后续也许还会有新的检查报告，但不会是原来检查报告的修改版本。动态信息比静态信息需要更正式的信息管理，通常其访问频度也比较高，无论是行业规则还是质量系统都要求终端用户清楚了解信息的最新版本，同时维护信息的版本历史也可能是必需的。动态信息的例子包括平面布置、工作流程图、设备数据表、回路图等。当然，根据定义，所有处于设计周期之内的信息都是动态信息。信息主要可分为静态、动态不需要维护历史版本、动态需要维护历史版本、所有版本都需要维护、只维护特定数目的前期版本等五种类型。

施工建筑信息模型 BIM inconstruction

施工阶段应用的建筑信息模型。简称施工 BIM。

施工单位

施工单位是指承担具体施工工作的，由专业人员组成的、有相应资质、进行生产活动的企业。一般包括总承包单位、专业承包单位及劳务分包。

施工组织可视化

施工组织可视化即利用 BIM 工具创建建筑设备模型、周转材料模型、临时设施模型等，以模拟施工过程，确定施工方案，进行施工组织。通过创建各种模型，可以在电脑中进行虚拟施工，使施工组织可视化。

施工方案模拟优化

施工方案模拟优化指的是通过 BIM 可对项目重点及难点部分进行可建性模拟，按月、日、时进行施工安装方案的分析优化，验证复杂建筑体系（如施工模板、玻璃装配、锚固等）的可建造性，从而提高施工计划的可行性。对项目管理方而言，可直观了解整个施工安装环节的时间点、安装工序及疑难点。而施工方也可进一步对原有安装方案进行优化和改善，以提高施工效率和施工方案安全性。

施工进度模拟

施工进度模拟即通过将 BIM 与施工进度计划相连接，把空间信息与时间信息整合在一个可视的 4D 模型中，直观、精确地反映整个施工过程。当前建筑工程项目管理中常以表示进度计划的甘特图，专业性强，但可视化程度低，无法清晰描述施工进度以及各种复杂关系（尤其是动态变化过程）。而通过基于 BIM 技术的施工进度模拟可直观、精确地反映整个施工过程，进而可缩短工期、降低成本、提高质量。

指挥中心 responsibility department

按照所限定的城市市政监管需求，实现只会和协调专业部门、派遣问题处理任务、反馈问题处理结果等功能的组织体系。

政府部门

政府部门是指建设过程中涉及的计划、规划、环保、建设、城管、水利、园林绿化、交警、环境、防疫、消防、人防、质量监督、安全监督等部门。

复杂构造节点可视化

复杂构造节点可视化即利用 BIM 的可视化特性可以将复杂的构造节点全方位呈现，如复杂的钢筋节点、幕墙节点等。

保持

定义该信息必须保留的时间。所有被指定为需要提交的信息都应该有一个业务用途，当该信息缺失的时候，会对业务产生后果，这个后果的严重性和发生后果的经常性，是衡量该信息的重要性、确定应该投入多大努力及费用保证该信息可用的主要指标。从另一方面考虑，如果由于该信息不可用并没有产生什么后果的话，我们就得认真考虑为什么要把这个信息包括在提交要求里面了。当然法律法规可能会要求维护并不具有实际操作价值的信息。

临时信息

在后续生命周期阶段不需要使用的信息，这类信息不需要包括在信息提交要求中。在决定每类信息的保持等级的时候，建议要同时定义信息的业务关键性等级，而不仅仅只是给其一个"基础"的等级。

总体规划

BIM 的应用从总体规划开始，建立地形、红线、土层、基岩和体量，内容包含所有重要的项目信息，包括地块面积、建筑面积、楼高、绝对标高、户型等，这些信息与设计进度同步，实时从模型中读取。

10 画

通用非几何信息

除几何信息之外的，用于描述构件模型中和机电专业相关的常规信息的集合。

消防 BIM（FIRE BIM）

建筑信息模型中消防需求信息的集成与表达。

核心元数据　core metadata

描述城市地理空间框架数据的最基本的、必须选择的一组元数据。

消费安全认证模块 purchasesecureaccessmodule

由 IC 卡发行主管部门或应用主管机构发行的可以用于对 IC 卡进行脱机消费交易认证的安全认证卡，安装在各类消费类 IC 卡终端中。

消费类终端 purchase typeterminal

支持在公共汽电车、出租汽车、地铁、城市轨道交通、轮渡、索道、公园、停车场等公共场所完成对比卡消费交易的终端。

消除现场施工过程干扰或施工工艺冲突

随着建筑物规模和使用功能复杂程度的增加,设计、施工、甚至业主,对于机电管线综合的出图要求愈加强烈。利用BIM技术,通过搭建各专业BIM模型,设计师能够在虚拟三维环境下快速发现并及时排除施工中可能遇到的碰撞冲突,显著减少由此产生的变更申请单,更大大提高施工现场作业效率,降低了因施工协调造成的成本增长和工期延误。

特性 property

一个对象类所有成员所共有的特征。

监督中心 supervision center

按照所限定城市市政监管要求,实现问题信息收集、问题处理结果监督及管理状况综合评价等功能的组织体系。

监管数据无线采集设备 mobile device for supervise data capture

供监督员使用,实现市政监管设局的采集、报送,接受监督中心分配核实、核查任务的移动终端设备。

监理咨询单位

监理咨询单位,是指取得监理资质证书,具有法人资格的监理公司、监理事务所和兼承监理业务的工程设计、科学研究及工程建设咨询的单位;工程咨询单位是指遵循独立、科学、公证的原则,运用工程技术、科学技术、经济管理和法律法规等多学科方面的知识和经验,为政府部门、项目业主及其他各类客户的工程建设项目决策和管理提供咨询活动的单位。

能源运行管理

能源运行管理即通过 BIM 模型对租户的能源使用情况进行监控与管理，赋予每个能源使用记录表以传感功能，在管理系统中及时做好信息的收集处理，通过能源管理系统对能源消耗情况自动进行统计分析，并且可以对异常使用情况进行警告。

能耗模拟分析

主要是对建筑物的负荷和能耗进行模拟分析，在满足节能标准的各项要求基础上，帮助设计师提供可参考的最低能耗方案，以达到降低建筑能耗的目的。

流程图

流程图是建筑业务的总体描述，提供了生命周期所有的业务需求以及它们之间的联系。它划定了建筑生命周期中特定业务的边界，定义活动间的序列关系、活动间需要传递的信息，以及各个参与方扮演的角色。完整的流程图文档，应包含管理信息、概要信息、活动说明、数据说明交换需求说明、分支点说明。流程图应采用信息传递建模标注（BPMN2.0）方法绘制。

流程责任人

流程责任人是指对该流程控制和监督责任人，确保该流程得到落实；流程的关键人员是指对流程走向有审批或验证的重要节点人员；流程的执行者是指流程中涉及的其他非审批或验证的节点人员。

浸没感

浸没感（immersion）又称临场感，指用户感到作为主角存在于模拟环境中的真实程度。理想的模拟环境应该使用户难以分辨真假，使用户全身心地投入到计算机创建的三维虚拟环境中，该环境中的一切看上去是真的，听上去是真的，动起来是真的，甚至闻起来、尝起来等一切感觉都是真的，如同在现实世界中的感觉一样。

预期目标

预期目标指企业实施 BIM 的阶段性和长远性目标，一般包括降低建设和运营的成本、达到政府要求指标、满足技术或质量体系评定要求、合理化安排项目进度、集成其他系统的数据、提高人员能力素质等多个方面。实施计划指在设施生命周期中运用 BIM 来达到一项或多项具体目标的方法或策略，可围绕企业所要实现的 BIM 应用目标划分应用优先级和应用深度。

11 画

基于任务工作方式 fundamental task work mode

按照工程项目专业及管理工作流程，以项目专业及管理分工为基本任务，建立满足项目全生命期工作需要的任务信息模型应用体系要求的建筑信息模型应用的工作方式。

基本指标 basic building indicators

是用来描述建筑物基本特征的指标，共 14 项，包括建筑编码、建筑名称、详细地址、结构类型、使用期限、建造年代、建筑状态、建筑层数、建筑高度、停车位数、基底面积、总建筑面积、主要用途、分用途建筑面积。

基底图形 building shape

指建筑物接触地面的自然层建筑外墙或结构外围水平投影图形。

基准图元

基准图元可帮助定义项目上下文。例如，轴网、标高和参照平面都是基准图元。

基本信息

设施运营需要的信息，没有这些信息，运营和安全可能发生难以承受的风险，这类信息必须在设施的整个生命周期中加以保留。

维度

分析目标对象所采用的分析角度或影响因素。

符号化 symbolization

用点、线、面符号以及由点、线、面构成的复合符号图示表达城市空间基础数据。

接触式 Ic 卡 contactI Ccard

带触点的集成电路卡。

逻辑加密+logicenc 叮 ptcard

采用密码控制逻辑单元的存储器卡。

嵌入式安全认证模块 em be d ded 脚 u 代 acc e s smo d ule

由 IC 卡发行主管部门或应用主管机构发行的、可以用于对 IC 卡进行脱机消费交易认证的嵌入式安全认证模块。安装在各类表具类 IC 卡终端中。

密文 ciPhertext

通过密码系统产生的不可理解的文字或信号。

密钥 key

控制加密转换操作的符号序列。

虚拟现实技术

虚拟现实技术是一种逼真地模拟人在自然环境中视觉、听觉、触觉及运动等行为的人机交互技术。它融合了计算机图形学、多媒体技术、人工智能、人机接口技术、数字图像处理、网络技术、传感器技术以及高度并行的实时计算技术等多个信息技术分支。它的主要特征是沉浸感、交互性和想象力。它的要害技术包括：环境建模技术、立体声合成和立体显示技术、触觉反馈、交互技术、系统集成技术。

维度

维度是描述一个事物或对象所需要参数。维度，又称维数，是数学中独立参数的数目。0维是一点，没有长度。1维是线，只有长度。2维是一个平面，是由长度和宽度（或曲线）形成面积。3维是2维加上高度形成体积面。即维度参数帮我们确定分析对象的定位、范围，帮我们得出明确的分析结果。从这一概念出发，BIM的维度应该是指，能确定BIM索要研究应用对象定位、范围的参数，描述和定位工程信息所需要的定位参数。3D实体定位空间位置，4D时间定义某一时点的建筑状态（形象进度）。

族

Revit的项目是由墙、门、窗、楼板、楼梯等一系列基本对象"堆积"而成，这些基本的零件称之为图元。除三维图元外，包括文字、尺寸标注等单个对象也称之为图元。

族是Revit项目的基础。Revit的任何单一图元都由某一个特定族产生。例如，一扇门、面墙、一个尺寸标注、一个图框。由一个族产生的各图元均具有相似的属性或参数。例如，对于一个平开门族，由该族产生的图元都可以具有高度、宽度等参数，但具体每个门的高度、宽度的值可以不同，这由该族的类型或实例参数定义决定。

在Revit中，族分为三种：

(1) 可载入族

可载入族是指单独保存为族".rfa"格式的独立族文件，且可以随时载入到项目中的族。Revit 提供了族样板文件，允许用户自定义任意形式的族。在 Revit 中门、窗、结构柱、卫浴装置等均为可载入族。

(2) 系统族

系统族仅能利用系统提供的默认参数进行定义，不能作为单个族文件载入或创建。系统族包括墙、尺寸标注、天花板、屋顶、楼板、尺寸标注等。系统族中定义的族类型可以使用"项目传递"功能在不同的项目之间进行传递。

(3) 内建族

在项目中，由用户在项目中直接创建的族称为内建族。内建族仅能在本项目中使用，既不能保存为单独的".rfa"格式的族文件，也不能通过"项目传递"功能将其传递给其他项目。

与其他族不同，内建族仅能包含一种类型。Revit 不允许用户通过复制内建族类型来创建新的族类型。

清标 verification for tender document

招标人或工程造价咨询企业在开标后且评标前，对投标人的投标报价是否响应招标文件、违反国家有关规定，以及报价的合理性、算术错误等进行审查并出具意见的活动。

综合地下管线 integrated underground pipeline

敷设于地下的给水、排水、燃气、热力、电力、通信、工业等管线的总称。

综合地下管线信息系统 integrated underground pipeline information system

在计算机软件、硬件、数据库和网络的支持下，利用地理信息系统技术实现对综合地下管线数据进行输入、编辑、存储、查询、统计、分析、维护更新和输出的计算机管理信息系统。简称

"地下管线信息系统"。

绿色建筑

绿色建筑是指在建筑的全寿命周期中内,最大限度地节约资源、节能、节地、节水、节材、保护环境和减少污染,提供健康使用、高效使用、与自然和谐共生的建筑。

虚拟现实

虚拟现实,简称 VR 技术,也称作虚拟环境或虚拟真实环境,是一种三维环境技术。它集先进的计算机技术、传感与测量技术、仿真技术、微电子技术等于一体,借此产生逼真的视、听、触、力等三维感觉环境,形成一种虚拟世界。虚拟现实技术是人们运用计算机对复杂数据进行可视化操作,与传统的人机界面以及流行的视窗操作相比,虚拟现实在技术思想上有了质的飞跃。

虚拟施工

虚拟施工,即在融合 BIM、虚拟现实、可视化、数字三维建模等计算机技术的基础上,对建筑的施工过程预先在计算机上进行三维数字化模拟,真实展现建筑施工步骤,避免建筑设计中"错、漏、碰、缺"等现象的发生,从而进一步优化施工方案。利用 BIM 技术建立建筑的几何模型和施工过程模型,可以实现对施工方案进行实时、交互和逼真的模拟,进而对已有的施工方案进行验证和优化操作,逐步替代传统的施工方案编制方法。通过对施工过程进行三维模拟重现,能随时发现在实际施工中可能碰到的问题,提前避免和减少返工以及资源浪费现象,从而优化施工方案,最终提高建筑施工效率和品质。

勘察设计单位

勘察单位受业主委托,提供地质勘察服务,包括确定地基承载力,并建议采取合适的基础形式和施工方法。设计单位包括方案设计、扩初设计和施工图设计、简装修设计、钢结构深化设计、机电深化设计、幕墙深化设计、园林景观设计等。本书中没有特别注明的设计单位是指业主单位在项目实施前所委托的为建设项目进行总体设计的单位,一般负责工程的扩初设计、施工图设计等。

隐蔽工程协调管理

基于 BIM 技术的运维可以管理复杂的地下管网,如污水管、排水管、网线、电线以及相关管井,并且可以在图上直接获得相对位置关系。当改建或二次装修的时候可以避开现有管网位置,便于管网维修、更换设备和定位。内部相关人员可以共享这些电子信息,有变化可随时调整,保证信息的完整性和准确性。

深度等级

深度等级是指 BIM 元素的可用性、显示细节逐渐扩展的程度级别,元素的深度将直接影响构件的深度。0 级元素的作用是在模型中预留位置。随着设计的逐步被深入,当设计师选择了准确的材料和组件之后,数据就被添加到构件。如果需要更详细的模型,可以使用更具体的 1 级或 2 级元素来替代这些概念性的元素,可逐个替换也可批量替换。根据上述分级与模型深化方法,同一个构件可能存在着多种不同的版本,位于不同的分级。通过合理的构件命名策略可解决该问题。随着 BIM 的用途在未来不断增加,可能需要为构建添加越来越多的信息。应当根据 BIM 的用途决定需要添加什么信息。

12 画

鲁班算量系列软件

国内 BIM 相关软件之一,生产厂商为 Lubansoft。是包含土建预算、钢筋预算、钢筋下料、安装预算、总体预算、钢构预算专业。建立三维 BIM 模型，用于工程项目量计算的 BIM 软件。

鲁班项目基础数据分析系统 PDS

国内 BIM 相关软件之一，生产厂商为 Lubansoft。包含客户端 MC、BE，主要功能为基础数据管理分析、成本管控的 BIM 软件。

链接

英文名称"Linking"，使用者可以在模型中引用更多的几何图形和资料作为外部参照的共享方法。

链接文件

"链接文件"是创建模型的两种（中心文件、链接文件）工作方式之一，"中心文件"允许多人同时编辑形同模型，而"链接文件"是独享模型，当某个模型被打开编辑时，其他人只能"读"而不能"写"。

集成电路卡（Ic+）integrated cir cuit（5）card

内部封装一个或多个集成电路的 ID 1 型卡。

黑名单 la，less list

由于结算、对账不符、非法交易、非法卡交易等产生的非法列表清单。

筑云 BIM 网（BIMCC）

筑云 BIM 网，以 BIM 技术为基础，涵盖 BIM 全行业的资料，提供最新资讯、经典案例及相关模型下载、精品课程、人才培养等内容，是全国最大、最专业的 BIM 综合性服务平台。

筑大 BIM 之家网（NBIMS）

筑大 BIM 之家网，为 BIM 相关企业和从业者提供 BIM 新闻、

BIM 咨询、BIM 技术资料、BIM 软件下载、BIM 交流平台、BIM 招聘服务、BIM 在线问答、BIM 案例等的专业 BIM 门户。

属性 property

建设实体可以测量和检测的物理或理论上的特征。

条文说明：如颜色、宽度、长度、厚度、深度、直径、面积、重量、强度、防火性能、防潮性能等，属性只对特指的建设实体有实际意义。

智慧城市

在数字城市的基础上，运用物联网、云计算等新一代技术，手机、传输、处理和分析城市海量信息，构建起智能化的城市信息技术应用体系，实现业务协同和工作联动，提升城市综合承载力，促进新型城镇化发展的城市形态。

智慧建筑

智慧建筑是指通过将建筑物的结构、系统、服务和管理，根据用户的需求进行最优化组合，从而为用户提供一个高效、舒适、便利的人性化建筑环境。

智慧社区

智慧城区（社区）是指社区管理的一种新理念，是新形势下社会管理创新的一种新模式。充分借助互联网、物联网，涉及到智能楼宇、智能家居、路网监控、个人健康与数字生活等诸多领域，充分发挥信息通信（ICT）产业发达、电信业务及信息化基础设施优良等优势。通过建设 ICT 基础设施、认证、安全等平台和示范工程，加快产业关键技术攻关，构建城区（社区）发展的智慧环境，形成基于海量信息和智能过滤处理的新的生活、产业发展、社会管理等模式，面向未来构建全新的城区（社区）形态。

竣工结算审定签署表 final signature list for settlement at completion

工程竣工结算审核报告中反映工程基本信息、送审金额、审定金额、调整金额等内容，并经发包人、承包人、工程造价咨询企业等相关方签署确认的最终工程竣工结算数额及变动情况对比的表格。

嵌入式安全认证模块 embedded secure access module

由 IC 卡发行主管部门或应用主管机构发行的可以用于对 IC 卡进行脱机消费交易认证的嵌入式安全认证模块，安装在各类表具类 IC 卡终端中。

装配式建筑

装配式建筑是指工厂预制现场装配而成的建筑。它采用最新的冷压轻钢结构以及各类轻型材料组合房屋的各个部分，使其具备卓越的保温、隔音、防火、防虫、节能、抗震、防潮功能。这种建筑的优点是建造速度快、受气候条件制约小、节约劳动力，并可提高建筑质量。

13 画

碰撞检查 clash detection

解释1：以建筑、结构、机电等专业模型数据为依据，以建筑信息模型为图形平台，自动计算构件间的空间关系，确定并显示干涉位置，从而有效避免幕墙专业在设计和施工过程中出现的干涉冲突问题。

解释2：即通过 BIM 技术进行碰撞检查，将只有专业设计人员才能看懂的复杂的平面内容，转化为一般工程人员可以很容易理解的 3D 模型，能够方便直观地判断可能的设计错误或者内容混淆的地方。通过 BIM 模型还能够有效解决在 2D 图纸上不易发现的设计盲点，找出关键点，制定解决方案，降低施工成本，提高施工效率。

碰撞检测 Clash Detection

解释 1：检测建筑信息模型包含的各类构建或设施是否满足空间相互关系的过程。通常包括重叠检测，如结构构件与建筑门窗的重叠、设备管线与结构构件的穿插等；以及最小距离检测，如管线与其它管线或构件间是否满足最小设计及安装距离的要求等。

解释 2：工程项目检测环节中，一般材料用量较大，考虑到前期设计工作可能存在图纸编辑错误，会引发后期返工、造价增高等问题，损失问题较为严重，需要引起重视。碰撞检测工作主要加强预警工作的落实，包括结构、消防、给排水专业等。如两根管并排排列，需要考虑后期保温、安装等要求，二者之间间距一般需要满足规范要求。安装施工中，经常发生碰撞问题，如管线设置不当、结构不合理等原因。借助 BIM 技术进行碰撞测试，可充分实现避免碰撞的问题，提高方案设计合理性，降低施工阶段返工等状况。BIM 软件对模型进行审核后，需要及时进行结构之间的检测，提出碰撞点相关信息，根据检查书中的标高、位置信息等进行方案调整，避免后期返工。

幕墙工程 BIM 实施 BIM of curtain wall implrmentation

幕墙工程 BIM 的创建、应用、协同和交付过程。

楼牌　building name plate

编号楼房的地名标识。

填充图案构件

填充图案构件可作为内嵌族载入体量族，并作为重复构件单元应用于被分割的表面。

数字城市

基于城市信息基础设施，利用遥感、地理信息系统、全球导航卫星系统、计算机技术和多媒体及虚拟仿真等技术，对城市基础设施和与生产生活发展相关的各方面进行多主体、多层面、前方位的信息化处理和利用，对城市的经济、社会、环境、资源人口等进行数字化管理、服务和决策支持，提升城市功能的城市形态。

数据元

用一组属性描述其意义、表示、表示和允许值的数据单元。

数据汇交 data aggregation

将管线相关资料和数据按规定进行整理、提交的过程。

数据存储标准

是对信息标准化的描述。它规范建筑信息描述与存储的语言，以结构化的方式定义建筑实体及其属性，然而对其如何理解、使用这些信息未做规范。

数据交互

数据交互是指项目在过程中各参与者之间进行的内容交换或交付，用以相互参考，以支持参与者之间的协同工作。

数据交付

数据交付是指项目在约定节点提交的正式交付内容，作为各参与方阶段性工作完成并可移交或提供给其他参与方使用的标准数据。数据交付可给予工业基础类的数据格式进行。数据交付时，因参与方对数据的应用需求不同，以信息交换模板的形式，统一信息获取的标准，加速信息获取。

数据层

数据层由 BIM 中央数据库构成，是构建集成模型的基础。数据层总体上可以分为 BIM 基本数和扩展数据，其中 BIM 基本数据是将信息模型中的几何、物理、性能等信息数字化，扩展数据则是对技术层面和经济层面文档或资料进行管理。

遥感

不接触物体本身，用传感器收集目标物的电磁波信息，经处理、分析后，识别目标物，解释器几何、物理特征和相互关系及变化规律的科学技术。

遮阳和日照模拟

遮阳和日照模拟主要是对建筑和周边环境的遮阳和日照进行模拟分析，在满足建筑日照规范的基础上，从而帮助设计师进行日照方案比对，以达到提升建筑的日照要求，降低对周围建筑物遮阳影响。

14 画

模型命名原则 model naming rule

模型文件及模型元素命名，需要遵守的格式及限定的规则，以便于对其管理及协作。

模型细度 level of development（LOD）

模型细度是指模型元素及其几何信息和非几何信息的详细程度。

模型精细度

表示模型包含的信息的全面性、细致程度及准确性的指标。

模型细度规则

根据国际通用惯例，建筑工程信息模型细度一般分为LOD100、LOD200、LOD300、LOD400 四个等级。幕墙根据专业的复杂性，还分有 LOD350 与 LOD500 两个细度等级，分别表达幕墙构件的搭接关系与细部节点，以及幕墙构件的完整参数和属性。

模型

以设施的物理特性和功能特性基于对象的数字化表达。其为设施的共享信息资源，在设施建造后的整个生命周期内为决策提供稳定的基础。

模型图元

模型图元表示建筑的实际三维几何图形。它们显示在模型的相关视图中。例如，墙、窗、门和屋顶都是模型图元。

模型构件

模型构件是建筑模型中其他所有类型的图元。例如，窗、门和橱柜是模型构件。

模拟训练

模拟训练一直是军事与航天工业中的一个重要课题，这为VR 提供了广阔的应用前景。美国国防部高级研究计划局 DARPA

自20世纪80年代起一直致力于研究被称为SIMNET的虚拟战场系统,以提供坦克协同训练。该系统可联结200多台模拟器。另外利用VR技术,可模拟零重力环境,替代标准的水下训练宇航员的方法。

模型说明书

模型说明书是指使用者应了解的建模相关过程和结论的说明文件。建模过程中导入、参考和关联的数据也宜一起交付,并说明使用情况。

模型所有权

模型所有权是指对模型占有、使用、收益和处置的权利。模型使用权的具体范围应根据各阶段的具体需求进行约定。

模型层

模型层是连接数据层和交互层的桥梁,是构建集成模型的核心。模型层主要是根据设计方案,在设计阶段创建和修改,其他阶段可通过对上一阶段模型数据的提取、计算和继承,建立相应的信息模型。

管线 pipeline

用于传输液体、气体、粉末的管道和用于传送店里、信息的线缆,及其附属设施(含管廊、管沟)。

管线点

地下管线探查过程中,为准确描述地下管线的走向特征和附属设施信息,在地下管线探查或调查工作中设立的测点。

管线线段

相邻管线特征点相连续的管线部分。

管线事故隐患 threat of pipeline accident

地下管线及其附属设施中存在的问题、缺陷、故障等可能引发事故的不安全因素。

管线动态监测 pipeline dynamic monitoring

通过布设检测终端、建立数据传输网络、研发管理系统等技术手段的综合应用,实时监测、获取、记录、展示地下管线运行状态及其变化的过程。

管线要素 pipeline elemenets

构成地下管线的物理实体,如阀门、弯头、三通、管段等。

管理部件 management component

城市市政管理公共区域内的各项设施,包括公用设施类、道路交通类、市容环境类、园林绿化类、房屋土地类市政工程设施和市政公用设施等,简称部件。

管理组

其职责是以 BIM 实时管理为中心,特别是随着 BIM 实施的逐步深入,信息资源的不断积累,有责任制定相关的制度和政策对资源进行管理和利用。

碰撞检查

在每个专业投入设计阶段时,利用 BIM 模型进行实时的碰撞检查,以了解各单项设计在项目整体协调的情况,促进团队合作,解决设计冲突,避免问题在施工阶段出现难以解决的情况发生。

精益建设

建筑业一致提倡的(lean construction)与 BIM 是相得益彰

的，可以携手一起促进行业进步。精益思想用于建设设计时，意味着通过消除对业主没有直接价值的不必要过程和阶段来减少浪费，诸如减少出图、降低错误和重复工作、缩短工期等，而这些目标通过 bim 软件都是可以实现的。

16 画

整体进度规划协调

整体进度规划协调指的是基于 BIM 技术，对施工进度进行模拟，同时根据最前线的经验和知识进行调整，极大地缩短施工前期的技术准备时间，并帮助各类各级人员对设计意图和施工方案获得更高层次的理解。以前施工进度通常是由技术人员或管理层敲定的，容易出现下级人员信息断层的情况，如今，BIM 技术的应用使得施工方案更高效、更完美。

附录1：Revit命令名称及快捷键表

Revit命令名称及快捷键表

命令名称	快捷键
修改	MD
属性	PP#Ctrl+#VR
模型线；边界线；线形钢筋	LI
放置构件	CM
模型组：创建组；详图组：创建组	GP
参照平面	RP
对齐尺寸标注	DI
文字	TX
查找/替换	FR
可见性/图形	VG#VV
细线	TL
层叠窗口	WC
平铺窗口	WT
系统浏览器	Fn9
MEP制造部件；制造零件	PB
快捷键	KS
项目单位	UN
匹配类型属性	MA
填色	PT
连接端切割：用连接端切割	CP

续表

命令名称	快捷键
连接端切割；删除连接端切割	RC
拆分面	SF
对齐	AL
移动	MV
偏移	OF
复制	CO#CC
镜像—拾起轴	MM
旋转	RO
镜像—绘制轴	DM
修剪/延伸为角部	TR
拆分图元	SL
阵列	AR
比例	RE
解锁	UP
锁定	PN
删除	DE
创建类似实例	CS
标高	LL
其他设置：日光设置	SU
墙：建筑	WA
门	DR
窗	WN

续表

命令名称	快捷键
柱：结构柱	CL
楼板：结构	SB
模型线	LI
房间	RM
标记房间	RT
轴网	GR
结构框架：梁	BM
结构框架：支撑	BR
结构梁系统：自动梁系统	BS
结构基础：墙	FT
钢筋编号	RN
风管	DT
风管管件	DF
风管附件	DA
转换为软风管	CV
软风管	FD
风道末端	AT
机械设备	ME
管道	PI
管件	PF
管路附件	PA
软管	FP

续表

命令名称	快捷键
卫浴装置	PX
喷水装置	SK
弧形导线	EW
电缆桥架	CT
线管	CN
电缆桥架配件	TF
线管配件	NF
电气设备	EE
照明设备	LF
高程点	EL
详图线	DL
按类别标记	TG
荷载	LD
调整分析模型	AA
重设分析模型	RA
热负荷和冷负荷	LO
配电盘明细表	PS
检查风管系统	DC
检查管道系统	PC
检查线路	EC
编辑请求	ER
重新载入最新工作集	RL#RW

续表

命令名称	快捷键
渲染	RR
在云中渲染	RD
渲染库	RG
MEP 设置：机械设置	MS
MEP 设置：电气设置	ES
MEP 设置：制造设置	FS
MEP 设置：建筑/空间类型设置	BS
在视图中隐藏：隐藏图元	EH
在视图中隐藏：隐藏类别	VH
替换视图中的图形：按图元替换	EOD
线处理	LW
选择框	BX
添加到组	AP
从组中删除	RG
附着的详图组	AD
装饰	FG
取消	GG
分割表面	//
对正点	JP
Y 轴偏移	JY
Z 轴偏移	JZ
编辑零件	EP

· 141 ·

续表

命令名称	快捷键
显示帮助工具提示	HT
编辑组	EG
解组	UG
链接	LG
恢复所有已排除成员	RA
编辑尺寸界限	EW
取消隐蔽图元	EU
取消隐蔽类别	VU
切换显示隐蔽的图元模式	RH
端点	SE
图形由视图中的类别替换：切换假面	VOG
光线追踪	RY
关闭捕捉	SO
隐藏线	HL
捕捉远距离对象	SR
图形显示选项	GD
恢复已排除构件	RB
关闭	SZ
隔离图元	HI
关闭替换	SS
隔离类别	IC
切点	ST

续表

命令名称	快捷键
缩小（两倍）	ZO#ZV
飞行模式	3F
图形由视图中的类别替换：切换透明度	VOT
对象模式	3O
中心	SC
中点	SM
排除	EX
图形由视图中的图元替换：切换假面	EOG
线框	WF
重复上一个命令激活第一个上下文选项卡	Ctrl+
漫游模式	3W
重设临时隐蔽/隔离	HR
象限点	SQ
捕捉点云	PC
缩放全部以匹配	ZA
带边框着色	SD
图形由视图中的图元替换：切换半色调	EOH
工作平面网格	SW
点	SX
缩放匹配	ZE#ZF#ZX
二维模式	32
区域放大	ZR#ZZ

续表

命令名称	快捷键
选择全部实例：在整个项目中	SA
隐蔽类别	HC
缩放图纸大小	ZS
移动到项目	MP
定义新的旋转中心	R3
隐蔽图元	HH
切换显示约束模式	CX
上一次平移/缩放	ZP#ZC
图形由视图中的图元替换：切换透明度	EOT
交点	SI
图形由视图中的类别替换：切换半色调	VOH
最近点	SN
垂足	SP

附录2：BIM 软件分类及各阶段常用软件举例表

BIM 软件分类及各阶段常用软件举例表

BIM 软件分类及具体软件举例		
BIM 核心建模软件	常用 BIM 工具软件	功　能
BIM 方案设计软件	Onuma Planning System、Affnity	把业主设计任务书里面基于数字的项目要求转化成基本几何形体的建筑方案
BIM 接口的几何造型软件	SketchUp、Rhino、FormZ	其成果可以作为 BIM 核心建模软件的输入
BIM 可持续（绿色）分析软件	Echorect、IES、Green Building Studio、PKPM	利用 BIM 模型的信息对项目进行日照、风环境、热工、噪声等方面的分析
BIM 机电分析软件	Designmaster、IES、Virtual Environment、Trane Trace	—
BIM 结构分析软件	ETABS、STAAD、Robot、PKPM	结构分析软件和 BIM 核心建模软件两者之间可以实现双向信息交换
BIM 可视化软件	3Ds Max、Artlantis、AccuRender、Lightscape	减少建模工作量、提高精度与设计（实物）的吻合度、可快速产生可视化效果
二维绘图软件	AotoCAD、MicroStation	配合现阶段 BIM 软件的直接输出还不能满足市场对施工图的要求

续表

BIM 核心建模软件	常用 BIM 工具软件	功　能
BIM 发布审核软件	Autodesk Design Review Adode PDF、ADODE pdfaDODE 3d PDF	把 BIM 成果发布成静态的、轻型的等供参与方进行审核或利用
BIM 模型检查软件	Solibri Model Checker	用来检查模型本身的只来过和完整性
BIM 深化设计软件	Xsteel、Autodesk Navisworks、Bentley Projectwise、Navigaror、Solibri Model Checker	检查冲突与碰撞、模拟分析施工过程评估建造是否可行、深化施工进度、三维漫游等。
BIM 造价管理软件	Innovaya、Solibri 鲁班软件	利用 BIM 模型提供的信息进行工程量统计和遭际阿分析。
协同平台软件	Bentley Project Wise、FTP Sites.	将项目全寿命周期中所有信息进行集中、有效地管理，提升工作效率及生产力。
BIM 运营管理软件	ArchiBUS	提供工作场所利用率，建立空间使用标准和基准，建立和谐的内部关系，减少纷争。

国内招投标阶段的常用 BIM 应用软件表

名称	说明	软件产品
土建算量软件	统计工程项目的混凝土、模板、砌体、门窗的建筑及结构部分的工程量	广联达土建算量 GCL 鲁班土建算量 LubanAR 斯维尔三维算量 THS-3DA 神机妙算算量 筑业四维算量等
钢筋算量软件	由于钢筋算量的特殊性，钢筋算量一般单独统计。国内的钢筋算量软件普通支持平法表达，能够快速建立钢筋模型	广联达钢筋算量 GGJ 鲁班钢筋算量 LubanST 斯维尔三维算量 THS-3DA 筑业四维算量 神机妙算算量钢筋模块等

续表

名称	说明	软件产品
安装算量软件	统计工程项目的机电工程量	广联达安装算量 GQI 鲁班安装算量 LubanMEP 斯维尔安装算量 THS-3DM 神机妙算算量安装版等
精装算量软件	统计工程项目室内装修,包括墙面、地面、天花等装饰的精细计量	广联达精装算量 GDQ 筑业四维算量等
钢构算量软件	统计钢筋部分的工程量	鲁班钢结构算量 YC 广联达钢结构算量 京蓝钢结构算量等

常用的基于 BIM 技术的机电深化设计软件表

软件名称	说明
MagiCAD	基于 AutoCAD 及 Revit 双平台运行;MagiCAD 软件在专业性上很强,功能全面,提供了风系统、水系统、电气系统、电气回路、系统原理图设计、房间建模、舒适度及能耗分析、管道综合支吊架设计等模块,提供剖面、立面出图功能,并在系统中内置了超过 100 万个设备信息
Revit MEP	在 Revit 平台基础上开发;主要包含暖通风道及管道系统、电气照明、给水排水等专业。与 Revit 平台操作一致,并且与建筑专业 Revit Architecture 数据可以互联互通
AutoCAD MEP	在 AutoCAD 平台基础上开发;操作习惯于 CAD 保持一致,并提供剖面、立面出图功能
天正给水排水系统 T-WT 天正暖通系统 T-HVAC	基于 AutoCAD 平台研发;包含给排水及暖通两个专业,含管件设计、材料统计、负荷计算、水路、水利计算等功能
理正电气 理正给水排水 理正暖通	基于 AutoCAD 平台研发;包含电气、给水排水、暖通等专业。包含建模、生成统计表、负荷计算等功能。但是,理正机电软件目前并不支持 IFC 标准

续表

软件名称	说明
鸿业给水排水系列软件 鸿业暖通空调设计软件 HYACS	基于 AutoCAD 平台研发；鸿业软件专业区分比较细，分为多个软件。包含给水排水、暖通空调等专业的软件
PKPM 设备系列软件	基于自主图形平台研发；专业划分比较细，分为多个专业软件组成了设备系列软件。主要包括给水排水绘图软件（WPM）、室外给水排水设计软件（WNRT）、建筑采暖设计软件（HPM）、室外热网设计软件（HNET）、建筑电气设计软件（EPM）、建筑通风空调设计软件（CPM）等

常用的钢结构深化设计软件表

软件名称	国家	主要功能
BoCAD	德国	三维建模，双向关联，可以进行较为复杂的节点、构件的建模
Tekla（Xsteel）	芬兰	三维钢结构建模，进行零件、安装、总体布置图及各构件参数，零件数据、施工详图自动生成，具备校正检查的功能
Strucad	英国	三维构件建模，进行详图布置等。复杂空间结构建模困难，复杂节点、特殊构件难以实现
SDS/2	美国	三维构件建模，按照美国标准设计的节点库
STS 钢结构设计软件	中国	PKPM 钢结构设计软件（STS）主要面向的市场是设计院客户

常用基于 BIM 技术的碰撞检测软件表

软件名称	说明
Navisworks	支持市面上常见的 BIM 建模工具，包括 Revit、Bentley ArchiCAD MagiCAD Tekla 等。"硬碰撞"效率高，应用成熟

续表

软件名称	说明
Solibri	与 ArchiCAD Tekla MagiCAD 接口良好，也可以导入支持 IFC 的建模工具。Solibri 具有灵活的规则设置，可以通过扩展规则检查模型的合法性及部分的建筑规范，如无障碍设计规范等
TeklaBIMAight	与 Tekla 钢结构深化设计集成接口好，也可以通过 IFC 导入其他建模工具生成的模型
广联达 BIM 审图软件	对广联达水利软件有很好的接口，与 Revit 有专用插件接口，支持 IFC 标准，可以导入 ArchiCAD MagiCAD Tekla 等软件的模型数据。除了"硬碰撞"，还支持模型合法性检测等"软碰撞"功能
鲁班碰撞检查	属于鲁班 DIM 解决方案中的一个模块，支持鲁班算量建模结果
MagiCAD 碰撞检查模块	属于 MagiCAD 的一个功能模块，将碰撞检查与调整优化集成在同一个软件中，处理机电系统内部碰撞效率很高
Revit MEP 碰撞检查功能模块	Revit 软件的一个功能，将碰撞检查与调整优化集成在同一个软件中，处理机电系统内部碰撞效率很高

常用的基于 BIM 技术的主要三维场地布置软件表

软件名称	说明
广联达三维场地布置软件 3D-GCP	支持二维图纸识别建模，内置施工现场的常用构件，如板房、料场、塔吊、施工电梯、道路、大门、围栏、标语牌、旗杆等，建模效率高
斯维尔平面图制作系统	基于 CAD 平台开发，属于二维平面图绘制工具，不是严格意义上的 BIM 工具软件
PKPM 三维现场平面图软件	PKPM 三维现场平面图软件支持二维图纸识别建模，内置施工现场的常用构件和图库，可以通过拉伸、翻样支持较复杂的现场形状，如复杂基坑的建模。包括贴图、视频制作功能

续表

常用的基于 BIM 技术的主要模板脚手架软件表	
软件名称	说明
广联达模板脚手架设计软件	支持二维图纸识别建模，也可以导入广联达算量产生的实体模型辅助建模。具有自动生成模架、设计验算及生成计算书功能
PKPM 模板脚手架设计软件	脚手架设计软件可建立多种形状及组合形式的脚手架三维模型，生成用量统计表；可进行多种脚手架形式的规范计算；提供多种脚手架施工方案模板。模板设计软件适用于大模板、组合模板、胶合板和木模板的墙、梁、柱、楼板的设计、布置及计算。能够完成各种模板设计、支撑系统计算、配板详图
筑业脚手架、模板施工安全设施计算软件	汇集了常用的施工现场安全设施的类型，能进行常用的计算，并提供常用数据参考。脚手架工程包含落地式、悬挑式、满堂式等多种搭设形式和钢管扣件式、碗扣式、承插盘式等多种材料脚手架，并提供相应模板支架计算。模板工程包含梁、板、墙、柱模板及多种支撑架计算，包含大型桥梁模板支架计算
恒智天成安全设施软件	能计算设计多种常用形式的脚手架，如落地式、悬挑式、附着式等；能计算设计常用类型的模板，如大模板、梁强柱模板等；能编制安全设施计算书；编制安全专项方案书；同步生成安全方案报审表、安全技术交底；编制施工安全应预案；进行建筑施工技术领域的计算

常用的基于 BIM 技术的 5D 施工管理软件表	
软件名称	说明
广联达 BIM5D 软件	具有流水段划分、浏览任意时间点施工工况，提供各个施工期间的施工模型、进度计划、资源消耗量等功能；支持建造过程模拟，包括资金及主要资源模拟；可以跟踪过程进度、质量、安全问题记录、支持 Revit 等软件
RIBItwo	旨在建立 BIM 工具软件与管理软件 ERP 之间的桥梁，融基于 BIM 技术的算量、计价、施工过程成本管理于一体，支持 Revit 等建模工具

续表

软件名称	说明
Vico办公室套装	具有流水段划分、流线图进度管理等特色功能；支持Revit ArchiCAD MagiCAD Tekla等软件
益达5D-BIM软件	可以按照进度浏览构件的基础属性、工程量等信息。支持IFC标准

当前其他常用BIM软件举例表

国内其他BIM软件	举例	功能
Revit插件软件	鸿业BOMSpece	基于Revit平台，涵盖了建筑、给水排水、暖通等常用功能，结合基于AutoCAD平台相用户提供完整的施工图解决方案。
	橄榄山软件	将现在产业链中的工程语言——施工DWG图——直接转换成Revit BIM模型的软件
	MagiCAD	机电专业的BIM深化设计软件，运用于工程前期的设计阶段，项目招标投标阶段，机电施工过程深化设计阶段、后期过程竣工交付运维管理阶段
	IsBIM	用于建筑、结构、水电暖通、装饰装修等专业中，提高了用户创建模型的效率，同时提高了建模的精度和标准化
鸿业Civil行业BIM软件	—	可以直接通过模型生成施工图及工程量、可为暴雨模拟或海绵城市计算分析提供地形，排水低影响措施等提供数据、可与iTwo-5D等施工阶段BIM软件进行衔接、可支持市场上主流的3D-Gis平台

续表

国内其他BIM软件	举例	功能
Trimble 系列工具软件	SketchUp	将平面的图形立起来，先进行体块的研究，再不断推敲深化一直到建筑的每个细部
	Tekla	交互式建模、结构分析、设计和自动创建图纸等
	Vico Office	以实现用一个软件，实现对项目全过程控制，进而实现提高效率，缩短工期，解决成本的目标
	Field Link	为总承包商设计的施工放样解决方案
	Real Works	空间成像传感器导入丰富的数据，并转换为夺目的三维成果
达索软件	—	为建筑行业的项目全过程管理提供整体解决方案、倡导建筑市政施工及工程建造业高端三维应用平台
盈建科软件	盈建科建筑结构计算软件（YJK-A）	集成化建筑结构辅助设计系统，立足于解决当前设计应用中的难点热点问题，为减少配量、节省工程造价做了大量改进。
	盈建科基础设计软件（YJK-F）	
	盈建科砌体结构设计软件（YJK-M）	
	盈建科结构施工图设计软件（YJK-D）	

续表

国内其他BIM软件	举例	功能
BIM协同平台软件	Itwo	运用设计和建造阶段流通下来的BIM模型及信息数据、将BIM模型及全生命周期的信息数据完美的结合,利用虚拟模型进行智能管控
	广联达BIM5D	为项目的进度、成本管控、物料管理等提供数据支持,协助管理人员有效决策和精细管理
	鲁班BIM软件	适应建筑业移动办公特性强的特点、实现了施工项目管理的协同,实现了模型信息的集成,授权机制实现了企业级的管控、项目级管理协同

附录3：各专业模型详细程度

（1）建筑专业模型详细程度

详细等级（LOD）	100	200	300	400	500
场地	有高差的场地布置	简单的场地布置（部分构件用体量表示）	按图纸精确建模（景观、人物、植物、道路细化逼真）	概算信息	赋予各构件的参数信息
墙	包含墙体物理属性（长度、厚度、高度及表面颜色）	增加材质信息，含粗略面层划分	包含详细面层信息，材质附节点图	概算信息，墙材质供应商信息，材质价格	产品运营信息（厂商、价格、维护等）
散水	不表示	表示	表示	表示	表示
幕墙	表示，体现方案意图	嵌板加分格	具体的竖梃截面，有连接构件	幕墙与结构连接方式	幕墙与结构连接方式及厂商信息

续表

详细等级(LOD)	100	200	300	400	500
建筑柱	物理属性：尺寸，高度	带装饰面，材质	带参数信息	概算信息，柱材质供应商信息，材质价格	物业管理详细信息
门、窗	同类型的基本族	按实际需求插入门、窗	门窗大样图，门窗详图	门窗及门窗五金件的厂商信息	门窗五金件、门窗的厂商信息，物业管理信息
屋顶	悬挑，厚度，坡度	加材质，檐口，封檐带，排水沟	节点详图	概算信息，屋顶材质供应商信息，材质价格	概算信息，屋顶材质供应商信息，材质价格，物业管理信息
板	物理特征（坡度，厚度，材质）	楼板分层，降板，洞口，楼板边缘	楼板分层，降板，洞口，楼板边缘，楼板材质信息	概算信息，楼板材质供应商信息，材质价格	概算信息，楼板材质供应商信息，材质价格，物业管理信息

续表

详细degrees等级 (LOD)	100	200	300	400	500
天花板	用一块整板代替，只体现边界	厚度，局部降板，准确分割，并有材质信息	龙骨，预留洞口，风口等，带节点详图	概算信息，楼板材质供应商信息，材质价格	概算信息，天花板材质供应商信息，物业管理价格，物业管理信息
楼梯（含坡道、台阶）	几何形体	详细建模，有栏杆	楼梯详图	参数信息	运营信息，物业管理全部参数信息
电梯（直梯）	电梯门，带简单二维符号表示	详细的二维符号表示	节点详图	电梯厂商信息	运营信息，物业管理全部参数信息
家具	不表示	简单布置	详细布置 + 二维表示	家具厂商信息	运营信息，物业管理全部参数信息

(2) 结构专业模型详细程度（混凝土结构）

详细等级 (LOD)	100	200	300	400	500
板	物理属性、板长、板厚、宽、表面材质颜色	类型属性、材质、二维填充表示	材料信息、分层做法、楼板详图、附带节点详图	概算信息、楼板材质供应商信息、材质价格	运营信息、物业管理所有详细信息
梁	物理属性、梁长宽高、表面材质颜色	类型属性、具有异性梁表示详细轮廓、材质、二维填充表示	材料信息、梁标识、附带节点详图	概算信息、梁材质供应商信息、材质价格	运营信息、物业管理所有详细信息
柱	物理属性、柱长宽高、表面材质颜色	类型属性、具有异性柱表示详细轮廓、材质、二维填充表示	材料信息、柱标识、附带节点详图	概算信息、柱材质供应商信息、材质价格	运营信息、物业管理所有详细信息
墙	物理属性、墙厚、宽、表面材质颜色	类型属性、材质、二维填充表示	材料信息、分层做法、墙身大样详图、空口加固等节点详图	概算信息、墙材质供应商信息、材质价格	运营信息、物业管理所有详细信息

(3) 结构专业模型详细程度（地基基础）

详细等级(LOD)	100	200	300	400	500
基础	不表示	物理属性，基础长、宽、高物理轮廓。表面材质属性，二维填充表示	材料信息，基础大样详图	概算信息，基础材质供应商信息，材质价格	运营信息，物业管理所有详细信息
基坑工程	不表示	物理属性，基坑长宽高物理轮廓、表面材质颜色	基坑围护，节点详图	概算信息，基坑围护材质供应商信息，材质价格	运营信息，物业管理所有信息

(4) 结构专业模型详细程度（钢结构）

详细等级(LOD)	100	200	300	400	500
钢柱	物理属性，钢柱长宽高，表面材质颜色	类型属性，根据刚才型号表示详细轮廓、材质，二维填充表示	材料信息，钢柱主要标识，附带节点详图	概算信息，柱材质供应商信息，材质价格	运营信息，物业管理所有信息

续表

详细等级(LOD)	100	200	300	400	500
钢桁梁	物理属性，桁架长宽，五杆件表示，用体重代替，表面材质颜色	类型属性，根据桁架类型搭建杆件位置，材质，二维填充表示	材料信息，桁架标识，桁架感觉连接构造，附带节点详图	概算信息，桁架材质供应商信息，材质价格	运营信息，物业管理所有详细信息
钢梁	物理属性，梁长宽高，表面材质颜色	类型属性，根据钢材型号表示详细轮廓材质，二维填充表示	材料信息，钢梁标识，附带节点详图	概算信息，钢梁材质供应商信息，材质价格	运营信息，物业管理所有详细信息
柱脚	不表示	族文件表示，二维填充表示	柱脚详细轮廓信息，材料信息，柱脚标识，附带节点详图	概算信息，柱材质供应商信息，材质价格	运营信息，物业管理所有详细信息

(5) 给排水专业模型详细程度

详细等级(LOD)	100	200	300	400	500
管道	不表示	有管道类型,主管标高,有支管标高,并进机房1M	有支管标高,加保温层,并布置机房	按实际管道类型及材质参数绘制管道(出厂家、型号、规格等)	运营信息,物业管理所有详细信息
阀门、仪表	不表示	绘制统一门	按阀门的分类绘制	按实际阀门的参数绘制(出厂家、型号、规格等)	运营信息,物业管理所有详细信息
其他附件	不表示	预留连接管道	按类别绘制	按实际项目中要求的参数绘制管道(出厂家、型号、规格等)	运营信息,物业管理所有详细信息
卫生器具	不表示	简单的体量	具体的类别形状及尺寸	按产品的参数添加到元素当中(出厂家、型号、规格等)	运营信息,物业管理所有详细信息
设备	不表示	简单的体量	有参数的几何体量	按产品的参数添加到元素当中(出厂家、型号、规格等)	运营信息,物业管理所有详细信息

(6) 暖通专业模型详细程度

详细等级(LOD)		100	200	300	400	500
风管道	管道	不表示	绘主管线，添加不同的颜色	绘制支管线，有准确的标高，管径尺寸，添加保温	添加技术参数，说明及厂家信息，材质	运营信息与物业管理
	附件	不表示	绘制主管线上的附件	绘制支管线上的附件	添加技术参数，说明及厂家信息，材质	运营信息与物业管理
	末端	不表示	绘制主管线上的附件	绘制支管线上的末端，添加连接件	添加技术参数，说明及厂家信息，材质	运营信息与物业管理
	阀门	不表示	统一的阀门	有具体的外形尺寸，添加连接件	添加技术参数，说明及厂家信息，材质	运营信息与物业管理
	机械设备	不表示	简单的体量	几何体量	添加技术参数，说明及厂家信息，材质	运营信息与物业管理

续表

详细等级(LOD)	100	200	300	400	500
水管道 管件	不表示	绘主管线，添加不同的颜色	绘制支管线，管线有准确的标高，添加保温，管径尺寸、坡度	添加技术参数，说明及厂家信息、材质	运营信息与物业管理
水管道 附件	不表示	绘主管线上的附件	绘制支管线上的附件	添加技术参数，说明及厂家信息、材质	运营信息与物业管理
水管道 阀门、仪表	不表示	统一分闸门	按类别绘制	添加技术参数，说明及厂家信息、材质	运营信息与物业管理
水管道 设备	不表示	简单的体量	几何体量	添加技术参数，说明及厂家信息、材质	运营信息与物业管理

(7) 电气专业模型详细程度

详细等级 (LOD)	100	200	300	400	500
设备构件	不表示	基本族	基本族、名称符号，标准的二维符号，相应的标高	准确尺寸的族、名称，符号标准的二维符号，所属的系统	准确尺寸的族、名称，符号标准的二维符号，所属的系统，生产厂家，产品样本的参数信息
桥架	不表示	基本路由	基本路由、尺寸标高	具体路由、尺寸标高、支吊架安装、所属系统	具体路由、尺寸标高、支吊架安装、所属系统，生产厂家，产品样本的参数信息
电线电缆	不表示	基本路由	基本路由导线根数，所属系统	具体路由、导线根数、所属系统，导线材质类型	具体路由、导线根数，所属系统，导线材质类型，生产厂家，产品样本的参数信息

注：内容来源：《BIM建筑应用技术》中国建筑工业出版社，2016年1月第一版。

参考文献

[1] 建筑信息模型应用统一标准 [S]．(GB/T 51212-2016)，中华人民共和国住房和城乡建设部主编．北京：中国建筑工业出版社，2017．

[2] 市建筑信息模型技术应用指南（2017），上海市住房和城乡建设委员会，2017年6月．

[3] 市政道路桥梁信息模型应用标准 [S]（DG/TJ08-2204-2016），上海市城市建设设计研究总院主编．上海：同济大学出版社，2016．

[3] 建筑信息模型应用技术标准 [S]．(DG/TJ08-2201-2016)，华东建筑设计研究院有限公司主编．上海：同济大学出版社，2016．

[4] 建筑幕墙工程BIM实施标准 [S]．(T/CBDA 7-2016)，中国建筑装饰协会发布．北京：中国建筑工业出版社，2017．

[5] 建筑机电工程BIM构件库技术标准 [S]．(CIAS 11001：2015)，中国安装协会发布．北京：中国建筑工业出版社，2015．

[6] 建筑装饰装修工程BIM实施标准 [S]．(T/CBDA-3-2016)，中国建筑装饰协会发布．北京：中国建筑工业出版社，2016．

[7] 北京市勘察设计和测绘地理信息管理办公室、北京工程勘察设计行业协会主编，民用建筑信息模型设计标准 [S]．(DB11/T 1069-2014)，2014年8月第一版．

[8] 北京绿色建筑产业联盟BIM技术研究与推广应用委员会 BIM工程技术人员专业技能培训用书编委会编．BIM技术概论 [M]．中国建筑工业出版社．2016年1月第一版．

[9] 沈阳建筑大学主编．装配式混凝土结构建筑信息模型（BIM）应用指南 [M]．化学工业出版社，2017年11月北京第一

版第二次印刷.

[10] 建筑信息模型（BIM）技术的消防应用 [S].（DB37/T 2936-2017），山东省质量技术监督局 2017-04-14 发布，2017-05-14 实施。

[11] 上海市住房和城乡建设委员会.上海市建筑信息模型技术应用指南（2017 年版）[M].2017 年 6 月.

[12] 城市基础地理信息系统技术规范 [S].（CJJ 100-2004），2004 年 5 月 1 日实施.

[13] 建筑物基本指标、功能分类及编码 [S].（SZDBZ 26-2010）.

[14] 城市地理空间框架数据标准 [S].（CJJT 103-2013）.

[15] 城市市政综合监管信息系统技术规范 [S].（CJJT 106-2005），北京：中国建筑工业出版社，2005.

[1] 建设事业集成电路（IC）卡产品检测 [S].（CJT 243-2007）.

[17] 百度百科、搜狗搜狐、互动百科.

[18] 中国建设报 [N].

[19] 杨宝明.BIM 改变建筑业 [M].中国建筑工业出版社，2017 年 1 月第一版。

[20] 曾旭东.ArchiCAD 经典建筑之旅大师作品 BIM 重建实例教程 [M].2015.

[21] 王君峰.AutodeskRevit 土建应用之入门篇 [M].2013.

[22] 任江，吴小员.BIM 数据集成驱动可持续设计 [M].2014.

[23] 黄亚斌，徐钦.BIM 技术丛书 Revit 软件应用系列 Autodesk Revit 族详解 [M].2013.

[24] 王津红.BIM 建筑设计实例 [M].2013 年.

[25] 中国建设教育协会.BIM 系列教程安装算量软件高级实例教程 [M].第二版，2012.

[26] 中国建设教育协会.BIM 系列教程三维算量高级实例教程 [M].第二版，2012.

[27] 刘广文,牟培超,黄铭丰.BIM应用基础[M].2013.

[28] 王子若.Revit2013电气设计宝典,2013.

[29] 廖小烽,王君峰.Revit20132014建筑设计火星课堂[M].2013.

[30] 黄亚斌,王全杰,赵雪锋.Revit建筑应用实训教程[M].2016.

[31] 李久林.大型施工总承包工程BIM技术研究与应用[M].2014.

[32] 福建省建筑信息模型(BIM)技术应用指南[M].2017.

[33] 柏慕进业.建筑、室内设计、景观设计的BIM应用[M].2013.

[34] 易思蓉,朱颖,许佑顶.铁路线路BIM与数字化选线技术[M].2014.

[35] 赵红红.信息化建筑设计Autodesk Revit[M].2005.

[36] 建设领域信息技术应用基本术语标准[S].JGJ/T313-2013.

[37] 黄亚斌,王全杰,赵雪锋.Revit建筑应用实训教程[M].2016.

[38] 廖小烽,王君峰.Revit20132014建筑设计火星课堂[M].2013.

[39] 黄亚斌,徐钦.BIM技术丛书Revit软件应用系列Autodesk Revit族详解[M].2013.

[40] 王君峰.Autodesk Revit机电应用入门篇[M].2013.

[41] 欧特克软件(中国)有限公司构件开发组主编.Autodesk Revit2013族达人速成[M].2013.

[42] 清华大学软件学院BIM课题组.中国建筑信息模型标准框架研究.土木建筑工程信息技术,2010(6).

[43] 建设部标准定额研究所.建筑对象数字化定义(JG/T198-2007).中国标准出版社,2007.

[44] 中国标准化研究院.工业基础类平台规范.中国标准

出版社，2009.

[45] 王辉. 建设工程项目管理 [M]. 北京：北京大学出版社，2014.

[46] 郭轶，姜立，赵艳辉等. 基于 BIM 技术的三维室内装饰工程 CAD 系统. BIM 与工程建设信息化——第三届工程建设计算机应用创新论坛论文集 [M]，2011.

[47] 柏慕进业. 建筑、室内设计、景观设计的 BIM 应用 [M]. 电子工业出版社，2013.

[48] 罗兰、赵静雅. 装饰工程 BIM 应用流程初探—基于 Revit 的装饰模型建立和应用流程 [J]. 土木工程建筑工程信息技术，2013，5 (6)：81-88.

[49] 罗兰、邱奎宁、韦永斌. 装饰工程中 BIM 技术应用基础模型问题初探 [J]. 中国建筑 2013 年技术交流会论文集，2013. 9：508-512.

[50] 张玉平. 浅论 BIM 的建筑装饰装修工程运用与发展 [J]. 城市建设理论研究，2013 (24).

[51] 建设部标准定额研究所. 建筑对象数字化定义 (JG/T198-2007). 中国标准出版社，2007.

[52] 中国标准化研究院. 工业基础类平台规范，中国标准出版社，2009.

[53] 郭征红，徐伟. 大型坝体基础结构新施工方案的综合研究 [J]，西安建筑科技大学学报：自然科学版，2006 (4)：550—554.

[54] 刘若彪. 紧邻大直径管线的深基坑工程设计实践 [J]. 岩土工程学报，2012 (S1)：598—602.

[55] 杨海琴. 张峰水库大坝坝体结构设计 [J]. 山西科技，2009 (3)：120—121.

[56] 袁静，陈金友，刘兴旺等. 粉砂土地基多个紧邻的深大基坑工程交界面围护结构控制技术研究 [J]. 岩土工程学报，2014 (S2)：99—105.

[57] 何文安，刘娜. 某贮灰场子坝坝体结构布置及方案优

化[J]. 山西建筑, 2013 (6): 61—62.

[58] 赵彬, 牛博生. 建筑业中精益建造与 BIM 技术的交互应用研究[J]. 工程管理学报, 2011, 5 (5): 482-486.

[59] 赵灵敏, 岳广飞. 山东省文化中心项目 BIM 应用实践[J]. 土木建筑工程信息技术, 2011 (4): 51—57.

[60] 何关培. BIM 总论[M]. 北京: 中国建筑工业出版社, 2011.

[61] 裴以军, 彭友元. BIM 技术在武汉某项目机电设计中的研究及应用[J]. 施工技术, 2011 (11): 94-99.

[62] 纪凡荣, 徐友全, 曾大林等. BIM 技术在某项目管线综合中的应用[J]. 施工技术, 2013 (3): 107—109.

[63] 贺灵童, BIM 在全球的应用现状[J]. 工程质量, 2013 (3): 12—19.

[64] 叶向峰、李剑等. 员工绩效考核与薪酬管理[M]. 北京: 企业管理出版社, 2006.

[65] 徐纪良. 现代人力资源开发与管理[M]. 上海: 上海三联书店, 2002.12.

[66] MBA 必修核心课程编译组. 人力资源: 组织和人事[M]. 北京: 中国国际广播出版社, 2002.

[67] 欧特克软件(中国)有限公司构件开发组. Autodesk Revit 2012 族: 达人速成[M]. 上海: 同济大学出版社, 2012.

[68] 杨群山. 利用 Revit 软件进行建筑电气设计出图的分析[J]. 福建建设科技, 2012 (5): 74, 75.

[69] 廖小烽, 王君峰. Revit 2013/2014 建筑设计火星课堂[M]. 北京: 人民邮电出版社, 2013

[70] 葛文兰. BIM 第二维度——项目不同参方的 BIM 应用[M]. 北京: 中国建筑工业出版社, 2011.

[71] 葛清. BIM 第一维度—项不同阶段的 BIM 应用[M]. 北京: 中国建筑工业出版社, 2013.

[72] 欧特克软件(中国)有限公司构建开发组. Autodest Revit MEP2012: 应用宝典[M]. 上海: 同济大学出版社. 2012.

[73] 北京市建筑设计研究院有限公司. BIAD—BIM 设计入门指南（基于 Revit）[M]. 2012.

[74] 北京市建筑设计研究院有限公司. BIAD—BIM 项目实施导则（基于 Revit）[M]. 2012.

[75] 中国建筑股份有限公司. BIM 软硬件产品评估研究报告（版本 1.0），2014.

[76] 中国建筑股份有限公司. CAD 制图标准（二维协同设计标准），2010.

[77] 中华人民共和国住房和城乡建设部. 建筑工程设计文件编制深度规定，2008.

[78] 美国国家标准. National Building Information Modeling Standard (Version1)，2007.

[79] 张建平，李丁，林佳瑞，颜钢文. BIM 在工程施工中的应用 [J]. 施工技术，2012（16）：10-17.

[80] 张建平. 基于 BIM 和 4D 技术的建筑施工优化及动态管理 [J]. 中国建设信息，2010（2）：18-23.

[81] 刘占省，赵明，徐瑞龙. BIM 技术在我国的研发工程应用 [J]. 建筑技术，2013（10）：893-897.

[82] 刘占省，赵明，徐瑞龙，王泽强. BIM 技术在我国的研发及应用 [N]. 建筑时报，2013-11-11004.

[83] 何关培. BIM 总论 [M]. 北京：中国建筑工业出版社，2011.

[84] 丁士昭. 建设工程信息化导论 [M]. 北京：中国建筑工业出版社，2005.

[85] 孔嵩. 建筑信息模型 BIM 研究 [J]. 建筑电气，2013（4）：27-13.

[86] 冯剑. 业主基于 BIM 技术的项目管理成熟度模型研究 [D]. 昆明理工大学，2014.

[87] 寿文池. BIM 环境下的工程项目管理协同机制研究 [D]. 重庆大学，2014.

[88] 赵灵敏. 基于 BIM 的建设工程全寿命周期项目管理研

究［D］.山东建筑大学，2014.

［89］孙悦.基于BIM的建设项目全生命周期信息管理研究［D］.哈尔滨工业大学，2011.

［90］彭正斌.基于BIM理念的建设项目全生命周期应用研究［D］.青岛理工大学，2013.

［91］戚安邦.工程项目全面造价管理［M］.天津：南开大学出版社，2000.

［92］丁荣贵.项目管理：项目思维与管理关键［M］.北京：机械工业出版社，2004.

［93］陈光，成虎.建设项目全生命周期目标体系研究［J］.土木工程学报，2004，37（10）：87-91.

［94］王荣香，张帆.谈施工中的BIM技术应用［J］.山西建筑，2015（3）：93-93，94.

［95］吴双月.基于BIM的建筑部品信息分类及编码体系研究［D］.北京交通大学，2015.

［96］杨宝明.建筑信息模型BIM与企业资源计划体系ERP［J］.施工技术，2008（6）：31-33.

［97］刘占省.PW推动项目全生命周期管理［J］.中国建设信息化，2015，Z1：66-69.

［98］庞红，向往.BIM在中国建筑设计的发展现状［J］.建筑与文化，2015（1）：158-159.

［99］柳建华.BIM在国内应用的现状和未来发展趋势［J］.安徽建筑，2014（6）：15-16.

［100］贺灵童.BIM在全球的应用现状［J］.工程质量，2013，31（3）：12-19.

［101］黄继英，海燕.试论全寿命周期设计技术［J］.矿山机械，2006，34（4）：131-132.

［102］BIM技术在计算机辅助建筑设计中的应用初探［D］.重庆大学，2006.

［103］秦军.建筑设计阶段的BIM应用［J］.建筑技艺，2011，Z1：160-163.

[104] 梁波. 基于BIM技术的建筑能耗分析在设计初期的应用研究 [D]. 重庆大学, 2014.

[105] 王慧琛. BIM技术在绿色公共建筑设计中的应用研究 [D]. 北京工业大学, 2014.

[106] 翟建宇. BIM在建筑方案设计过程中的应用研究 [D]. 天津大学, 2014.

[107] 梁逍. BIM在中国建筑设计中的应用探讨 [D]. 太原理工大学, 2015.

[108] 杨佳. 运用BIM软件完成绿色建筑设计 [J]. 工程质量, 2013 (2): 55-58.

[109] 张建平, 韩冰, 李久林等. 建筑施工现场的4D可视化管理 [J]. 施工技术, 2006, 35 (10): 36-38.

[110] 吴强. BIM模型在物业管理及设备运维中的应用 [J]. 中国物业管理, 2015 (5): 42-43.

[111] 王荣香, 张帆. 谈施工中的BIM技术应用 [J]. 山西建筑, 2015 (3): 93-93, 94.

[112] 汪再军. BIM技术在建筑运维管理中的应用 [J]. 建筑经济, 2013 (9): 94-97.

[113] 张睿奕. 基于BIM的建筑设备运行维护可视化管理研究 [D]. 重庆大学, 2014.

[114] 杨子玉. BIM技术在设施管理中的应用研究 [D]. 重庆大学, 2014.

[115] 高镝. BIM技术在长效住宅设计运维中的应用研究 [J]. 山西建筑, 2014 (7): 3-4.

[116] 王代兵, 佟曾. BIM在商业地产项目运维管理中的应用研究 [J]. 住宅科技, 2014 (3): 58-60.

[117] 张建平, 马天一. 建筑施工企业战略管理信息化研究 [J]. 土木工程学报, 2004, 37 (12): 81-86.

[118] 李庆达, 赵欣, 谭国炜, 龚应波. BIM线性计划在超高层项目施工中的应用 [J]. 施工技术, 2017 (5).

[119] 赵占军. BIM技术在施工阶段的成本控制管理 [J].

建筑技术, 2016 (6).

[120] 赵璐, 翟世鸿, 陈富强, 姬付全. BIM 技术在铁路项目隧道中的应用研究 [J]. 施工技术, 2016 (9).

[121] 唐晓灵, 易小海. BIM 技术在建筑业中的扩散趋势研究. 施工技术, 2016 (9).

[122] 耿丙彦, 拓宁博, 徐昕, 薄窑杰. "BIM+二维码"技术在商登高速南水北调大桥项目中的应用 [J]. 施工技术, 2017 (5).

[123] 李敏, 刘莉. 地下综合管廊与 BIM 系统初探 [J]. 建材技术与应用, 2017 (2).

[124] 刘骏, 罗兰, 聂鹏飞. BIM 放样机器人在装饰施工天花吊杆定位中的应用 [J]. 施工技术, 2017 (5).

[125] 黄强, 程志军, 叶凌. 国标《建筑信息模型应用统一标准》[J]. 建筑, 2017 (9).

[126] 刘平, 李启明. BIM 在装配式建筑供应链信息流中的应用研究 [J]. 施工技术, 2017 (6).

[127] 王星. BIM 技术在住宅产业化中的应用 [J]. 建筑规划与设计.